建筑工程检测评定及监测预测关键技术系列丛书

测量不确定度在建筑工程检测与评定领域的应用

U0170243

路彦兴　乔　建　付士峰　雒振林 ◎ 编著

中国建材工业出版社

图书在版编目（CIP）数据

测量不确定度在建筑工程检测与评定领域的应用/
路彦兴等编著．--北京：中国建材工业出版社，2020.4
（建筑工程检测评定及监测预测关键技术系列丛书）
ISBN 978-7-5160-2851-3

Ⅰ.①测… Ⅱ.①路… Ⅲ.①测量－不确定度－应用
－建筑工程－工程质量－质量检验 Ⅳ.①TU712.3

中国版本图书馆 CIP 数据核字（2020）第 037714 号

内 容 简 介

　　本书针对测量不确定度评定在建筑工程质量检测中的应用需求，详细介绍了一些常用检测项目的不确定度评定方法。本书主要内容有：测量不确定度的基本概念，测量不确定度的来源、分类及其数学模型的建立，计算合成标准不确定度，扩展不确定度，自由度和正态分布时的安全因子等；同时，对检测结果的测量不确定度评定和测量结果的报告形式进行了介绍；最后，对混凝土结构、砌体结构、桩基础和钢结构主体检测中常见的检测项目进行了测量不确定度的评定。全书内容丰富、逻辑清晰、指导性强，方便读者学习参考。

　　本书适合从事房屋建筑工程质量检测的工程技术人员使用，也可作为专业技术人员的培训教材，还可供高等院校相关专业师生科研与教学参考使用。

测量不确定度在建筑工程检测与评定领域的应用
Celiang Buquedingdu zai Jianzhu Gongcheng Jiance yu Pingding Lingyu de Yingyong
路彦兴 乔 建 付士峰 雒振林 编著

出版发行：中国建材工业出版社
地　　址：北京市海淀区三里河路 1 号
邮　　编：100044
经　　销：全国各地新华书店
印　　刷：北京雁林吉兆印刷有限公司
开　　本：710mm×1000mm 1/16
印　　张：13.5
字　　数：250 千字
版　　次：2020 年 4 月第 1 版
印　　次：2020 年 4 月第 1 次
定　　价：**68.00 元**

前　言

在国家经济建设、科学研究和日常社会生活中，人们每天都在进行大量的测量。在具体的建筑质量检测与评定方面，测量工作起着关键作用。测量者最为关心的是测量是否有效、测量结果是否可信，或者说测量的质量（品质）如何。但是，回答这些问题有一定的难度，因为影响测量结果的因素很多，测量数据与被测真值相比会产生误差，误差的大小或限度代表所测数据的准确程度。科学上不但要求对物理性质用量化来表现，同样对数据的准确程度也要求用量化表现出来，这个数字当今被称为测量的不确定度，它具有概率的意义。利用测量不确定度来评定测量水平或质量，是在总结大量测量实践和误差理论的基础上得出的一个重要成果。

测量不确定度，从词义上可理解为对测量结果有效性的可疑程度或不肯定；从传统意义上理解，它是被测量真值所处范围的估计值。但是真值是一个理想化的概念，实际上往往是难以操作的或是未知量，而可以具体操作的则是测量结果的变化。测量不确定度被定义为："表征合理地赋予被测量之值的分散性，与测量结果相联系的参数。"它既概括了通常靠重复测量所引致数据的分散（过去常称为随机误差），又包括在重复测量中重复出现的误差（过去常称为系统误差），后者正说明测量数据的可重复性不能单纯成为测量准确度或精度的标志。

目前，工程技术人员在建筑工程检测工作中对测量不确定度尚未引起足够的重视。对土建专业而言，尚缺乏一本阐明测量不确定度理论在工程中具体应用的书籍。因而，作者编著此书，对这一理论及其在房屋建筑工程检测中的应用作了较系统全面的论述，同时列举了工程质量检测过程中一些常用检测参数的不确定度评定实例，并以此抛砖引玉，望有关工程技术人员做更深入的探讨和推广。

本书主要由路彦兴、乔建、付士峰、雒振林撰写，参加撰写的人员还包括路洪通、张志伟、郑博、张翠翠、董明亮、温根、唐世义、桑丽君等。本书在撰写过程中也得到了河北大学李金海教授的大力支持，在此一并表示感谢。由于编者水平所限，书中不当之处在所难免，敬请广大读者不吝指正。

编著者

2020 年 2 月

目　　录

第1章 概　　述

1.1　采用测量不确定度评定的原因

很难追溯误差的概念起源于何时，但至少在 1862 年，Foucault 采用旋转镜法在地球上测量光的速度时，给出的测量结果为：$c = (298000 \pm 500)$ km/s。即在给出测量结果的同时，还给出了测量误差。由此可见，误差的概念至少在 100 多年前就已经出现。当时已经知道，在给出测量结果的同时，还应给出其测量误差。

虽然误差的概念早就已经出现，但在用传统方法对测量结果进行误差评定时，还存在一些问题。简单地说，大体上遇到两个方面的困难：逻辑概念上的问题和评定方法的问题。

测量误差常常简称为误差。国家计量技术规范了《通用计量术语及定义》（JF 1001—2011）中给出测量误差的定义为"测量结果减去被测量的真值"，该误差定义 20 世纪 70 年代以来没有发生过变化。

真值定义为"与给定的特定量的定义一致的值"。也就是说，我们把被测量在观测时所具有的真实大小称为真值，因而这样的真值只是一个理想概念，只有通过完善的测量才有可能得到真值。任何测量都会有缺陷，因而真正完善的测量是不存在的。也就是说，严格意义上的真值是无法得到的。

根据误差的定义，若要得到误差就必须知道真值。但真值无法得到，因此严格意义上的误差也无法得到。虽然在误差定义的注解中同时还指出："由于真值不能确定，实际上用的是约定真值"，但此时还需考虑约定真值本身的误差。因而可能得到的只是误差的估计值。在有些情况下对一个被测量进行测量的目的就是想要知道该被测量的值。如果知道了被测量的真值或约定真值，往往也就没有必要再进行测量了。例如，地球和月球之间距离的测量，对这一类测量根本不可能知道其真值或约定真值，也就是说不可能得到其误差。由于真值无法知道，因此实际上误差的概念只能用于已知约定真值的情况。

从另一个角度来说，根据误差的定义，真值等于测量结果减误差。因此一旦知道了测量结果的误差，就可以对测量结果进行修正而得到真值，这又是不可能的。

此外，在"误差"这一术语的使用上也经常出现概念混乱的情况，即"误差"这一术语的使用经常有不符合误差定义的情况。根据误差的定义，误差是一个差值，它是测量结果与真值或约定真值之差。在数轴上它表示为一个点，而并不表示为一个区间或范围。既然它是两个量的值，就应该是一个具有确定符号的量值。当测量结果大于真值时，误差为正值；而当测量结果小于真值时，误差为负值。由此可见，误差这一参数既不应当也不可能以"±"号的形式表示。过去人们在使用"误差"这一术语时，有时是符合误差定义的，例如测量仪器的示值误差，它表示"测量仪器的示值与对应输入量真值之差"。但经常也有误用的情况，例如过去通过误差分析所得到的测量结果的所谓"误差"，实际上并不是真正的误差，而是被测量不能确定的范围，或者说是测量结果可能存在的最大误差，它不符合误差的定义。误差在逻辑概念上的混乱是误差评定遇到的第一个问题。

误差评定遇到的第二个问题是评定方法的不统一。在进行误差评定时，通常要求先找出所有需要考虑的误差来源，然后根据这些误差来源的性质将它们分为随机误差和系统误差两类。随机误差用测量结果的标准偏差来表示，如果有一个以上的随机误差分量，则将他们按方和根法（即各分量的平方和之平方根）进行合成，得到测量结果的总随机误差。并且由于在正态分布情况下，标准偏差所对应区间的置信概率仅为68.27%，而通常都要求给出对应于较高置信概率的区间，故常将标准偏差扩大，用两倍或三倍的标准偏差来表示随机误差。系统误差则用该分量的最大可能误差，即误差限来表示。在有多个系统误差分量的情况下，同样采用方和根法将各系统误差分量进行合成，得到测量结果总的系统误差。最后再将总的随机误差和总的系统误差进行合成得到测量结果的总误差。而问题正来自于最后随机误差和系统误差的合成方法上。由于随机误差和系统误差是两个性质不同的量，前者用标准偏差或其倍数表示，后者用可能产生的最大误差表示。由于在数学上无法解决两个不同性质的量之间的合成问题，因此长期以来在随机误差和系统误差的合成方法上一直无法统一。

苏联的国家检定系统表中就分别给出计量标准的总的随机误差和总的系统误差两个技术指标，而并不给出两者合成后的总误差。其意是，两者如何合成的问题由使用者根据具体情况自己考虑。美国的有些国家基准往往以随机误差和系统误差之和作为其总误差，其原因是为了安全可靠。因为无论用何种方法合成，采用算术相加的方法得到的合成结果最大。过去我国在大部分测量领域中习惯上仍采用方和根法对随机误差和系统误差进行合成。例如，在几何量测量领域，往往以三倍的标准偏差（3σ，过去常称为极限误差）作为随机误差，再采用方和根法与系统误差进行合成，得到测量结果的总误差，并通常称之为"综合极限误差"。所谓"综合"是指其中既包括了随机误差也包括了系统误差，而"极限"是指其中的随机误差用 3σ 表示。

不仅各国的误差评定方法不同，不同领域或不同的人员对测量误差的处理方法也往往各有不同的见解。这种误差评定方法的不一致，使不同的测量结果之间缺乏可比性，这与当今全球化市场经济的飞速发展是不相适应的。社会、经济、科技的进步和发展都要求改变这一状况。用测量不确定度来统一评价测量结果的质量就是在这种背景下产生的。测量不确定度评定和表示方法的统一，是科技交流和国际贸易进一步发展的要求，它使得各国进行测量所得到的结果可以进行相互比较，可以得到相互承认并达成共识，因此各国际组织和各国的计量部门均十分重视测量不确定度评定方法和表示方法的统一。

1.2 测量不确定度的发展历史

1.2.1 国外测量不确定度研究历史

为能统一地评价测量结果的质量，1963 年，原美国标准局（NBS）的数理统计专家埃森哈特（Eisenhart）在研究"仪器校准系统的精密度和准确度估计"时就提出了采用测量不确定度的概念，并受到国际上的普遍关注。20 世纪 70 年代，NBS 在研究和推广测量保证方案（MAP）时对测量不确定度的定量表示又有了新的发展。1977 年 5 月，国际电离辐射咨询委员会（CCEMRI）的 X-γ 射线和电子组讨论了关于校准证书如何表达不确定度的几种不同建议，但未作出决议。1977 年 7 月的 CCEMRI 会上提出了这个问题的迫切性，CCEMRI 主席、美国 NBS 局长 Amber 同意将此问题列入送交国际计量局（BIPM）的报告，并且由他作为国际计量委员会（CIPM）的成员向 CIPM 发起了解决测量不确定度表示方面的国际统一问题的提案。1977 年，CIPM 要求国际计量局联合各国家标准实验室着手解决这个问题。1978 年 BIPM 就此问题制定了一份调查表，分发到 32 个国家计量院及 5 个国际组织征求意见。1979 年底得到了 21 个国家实验室的复函。

术语"不确定度"源于英语"uncertainty"，原意为不确定、不稳定、疑惑等，是一个定性表示的名词。现用于描述测量结果时，将其含义扩展为定量表示，即定量表示测量结果的不确定程度。此后许多年中虽然"不确定度"这一术语已逐渐在各测量领域被越来越多的人采用，但具体表示方法并不统一。为求得测量不确定度评定和表示方法的国际统一，1980 年国际计量局在征求了 32 个国家的国家计量院以及 5 个国际组织的意见后，发出了推荐采用测量不确定度来评定测量结果的建议书，即 INC-1（1980）。该建议书向各国推荐了测量不确定度的表示原则。1981 年第 70 届国际计量委员会讨论通过了该建议书，并发布了一份 CIPM 建议书，即 CI-1981。该建议书所推荐的方法，以 INC-1（1980）为基础，并要求在所有 CIPM 及其各咨询委员会参与的国际比对及其他工作中，各参加者在给出测量结果时必须同时给出合成不确定度。

由于测量不确定度不仅适用于计量领域，也可以应用于一切与测量有关的其他领域，因此 1986 年国际计量委员会要求国际计量局、国际电工委员会（IC）、国际标准化组织（ISO）、国际法制计量组织（OML）、国际理论物理与应用物理联合会（IUPAP）、国际理论化学与应用化学联合会（IUPAC）以及国际临床化学联合会（IFCC）七个国际组织成立专门的工作组，起草关于测量不确定度评定的指导性文件。

这七个国际组织包括两个权威的标准化组织、两个权威的计量组织和三个物理、化学、医学方面的权威组织。自此，成立了专门的工作组即国际标准化组织（ISO）的第四技术顾问组（TAG4）第三工作组（WG3），开始起草《测量不确定度表示指南》，该工作组的成员是由 BIPM、ISO、IEC 和 OIML 四个国际组织提名的。1993 年，经过工作组近 7 年的努力，完成了《测量不确定度表示指南》（Guide to the Expression of Uncertainty in Measurement，以下简称 GUM）的第一版和第二版《国际通用计量学基本术语》（International Vocabulary of Basic and General Terms in Metrology，以下简称 VIM），并以七个国际组织的名义联合发布，由 ISO 正式出版发行。同时终止了 ISO/TG69/SC6/WG3 关于测量不确定度标准的起草工作。

1995 年，在对《测量不确定度表示指南——1993》作了一些更正后重新印刷，即《Guide to the Expression of Uncertainty in Measurement—corrected and reprinted, 1995》（简称 GUM 1995），为在全世界采用统一的测量结果的不确定度评定和表示方法奠定了基础。

除上述七个国际组织外，国际实验室认可合作组织（ILAC）也已表示承认 GUM。这就是说，在各国的实验室认可工作中，无论检测实验室或校准实验室，在进行测量结果的不确定度评定时均应以 GUM 为基础。上述这些国际组织几乎包括了所有与测量有关的领域，这表明了 GUM 和 VIM 这两个文件的权威性。

GUM 对所用术语的定义和概念、测量不确定度的评定方法以及不确定度报告的表示方式作了明确的统一规定。因此它代表了当前国际上在表示测量结果及

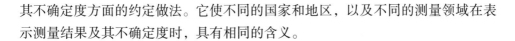

其不确定度方面的约定做法。它使不同的国家和地区，以及不同的测量领域在表示测量结果及其不确定度时，具有相同的含义。

1.2.2 国内测量不确定度研究历史

1998 年，我国发布了《通用计量术语和定义》（JJF 1001—1998），其内容在 VIM 的基础上补充了法制计量有关的术语和定义。1999 年，国家质量技术监督局批准发布了《测量不确定度评定与表示》（JJF 1059—1999），这规范原则上等同采用了 GUM 的基本内容。JJF 1059 和 JJF 1001 构成了我国进行测量不确定度评定的基础。《测量不确定度评定与表示》以法规形式规定了我国贯彻 GUM 方法的具体要求，以便在测量结果及其不确定度的评定与表示方法上与国际接轨，以利于我国的国际交往和经济发展。

法规颁布至今二十多年来，对全国范围内使用和评定测量不确定度，尤其是在计量标准的建立、计量技术法规的制定、证书/报告的发布和量值的国际比对等方面起到了重要的指导和规范作用，使我国对测量结果的表述与国际一致，对科学技术交流、商贸交易、计量证书互认等方面都起到了积极的作用。随着我国科学技术的迅猛发展和规范计量管理工作的需要，特别是国际标准化组织 ISO/IEC Guide 98-3（GUM）及其一系列补充标准的陆续颁布，从术语到方法都增加了新的内容。在国际标准增补的背景下，有条件启动 JJF 1059 的修订和增订。2010 年 3 月，由国家质量监督检验检疫总局计量司组织成立了《测量不确定度评定与表示》国家计量技术规范起草小组，承担《测量不确定度评定与表示》系列规范的制修订工作。

2010 年 3 月，起草小组在北京召开了第一次会议，就修订原则进行了讨论。确定本次修订将 JJF 1059 分为三个部分，具体如下：

——《测量不确定度评定与表示》（JJF 1059.1）；

——《用蒙特卡洛法评定测量不确定度》（JJF 1059.2）；

——《测量不确定度在合格评定中的使用原则》（JJF 1059.3）。

2010 年 6 月，第二次起草小组会议上对草案的内容进行了深入讨论，尤其关于 A 类评定中重复性的预先评估问题、校准证书上对不确定度的报告要求、实验室的校准测量能力的表示、扩展不确定度 U 未注明 k 值时即指 $k=2$ 的规定等内容需要进一步增加。2010 年 12 月，起草小组在北京召开了第三次工作会议，进一步讨论了规范的修改稿，重点讨论了 JJF 1059.1 规范的适用范围、本规范的方法对非线性函数的适用性问题，进一步研究了用预评估重复性进行 A 类评定等。要求在不确定度评定举例的附录中增加一个化学领域不确定度评定的例子。起草人进一步修改后提交了修改稿，并在该稿基础上形成《征求意见稿》。2011 年 8

月底，起草小组将《征求意见稿》发给各省级质量技术监督局及省级计量院、各全国专业计量技术委员会、相关的专家、国家质量监督检验检疫总局计量司各处，并挂在中国计量协会的"计量技术法规征求意见"网站上，广泛征求意见。2011 年 11 月，起草小组根据返回的意见，形成了《征求意见汇总表》。2011 年 12 月，起草小组在北京召开第四次工作会议，对《测量不确定度评定与表示》（JJF 1059.1）和《用蒙特卡洛法评定测量不确定度》（JJF 1059.2）两个规范的内容进一步讨论，并对《征求意见汇总表》进行讨论，再次提出进一步修改的意见，于 2012 年 2 月形成修改稿。

2012 年 3 月起草小组在北京召开第五次工作会议，进一步对规范进行审查和修改。在此基础上形成了《测量不确定度评定与表示》（JJF 1059.1—2012）技术规范和《用蒙特卡洛法评定测量不确定度》（JJF 1059.2—2012）。其基本概念以及测量不确定度的评定和表示方法与 GUM 完全一致。

测量不确定度的概念以及不确定度的评定和表示方法的采用，是计量科学的一个新进展。从 1963 年提出测量不确定度的概念，到 1993 年正式发布测量不确定度评定的指导性文件 GUM，整整花费了三十年时间，可见改用测量不确定度来对测量结果的质量进行评价，并不是一个简单的任务，也不是仅依靠少数几个科学家能做到的，它汇集了世界各国计量学家的经验和智慧。即使看来十分简单的测量不确定度的定义表述本身，也曾几经改动。至于测量不确定度的评定和表示方法，更是经历了不断的完善和改进，最后才形成了 GUM 这样系统而完整的文件。

1.3 测量不确定度的适用范围和适用条件

1.3.1 测量不确定度适用的领域

测量不确定度评定与表示的通用方法适用于各种准确度等级的各类测量领域。下面举例说明。

1. 国家计量基准及各级计量标准的建立

适用于在建立计量基准或各级计量标准时，评定和给出其复现的标准量值的测量不确定度。

2. 量值比对结果的评价

适用于各个测量领域内测得的量值间的比对、计量标准装置间量值的国内外比对以及检测设备的实验室间比对。在同一准确度等级上进行的测量间、计量标准装置间或检测设备间的量值比对时，参与比对的各方在给出测量结果的量值时

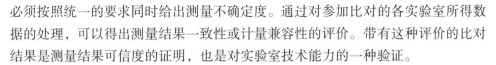

必须按照统一的要求同时给出测量不确定度。通过对参加比对的各实验室所得数据的处理，可以得出测量结果一致性或计量兼容性的评价。带有这种评价的比对结果是测量结果可信度的证明，也是对实验室技术能力的一种验证。

3. 标准物质的定值，标准参考数据的发布

适用于标准物质按规定的方法定值后，其标准值连同其不确定度的发布。也适用于需要说明不确定度的标准参考数据的发布。

4. 测量方法、校准规范、检定规程、检定系统表等技术文件的编制

编制测量方法、校准规范和检定规程时，应该分析和评定该方法的测量不确定度，以便使用者在分析测量结果的不确定度时作为参考或作为一个分量加以使用。国家计量检定系统表是从国家基准将量值向下传递到各级计量标准直至工作计量器具的不确定度关系的技术文件，图中需明确标明量值传递链中各级的测量不确定度，并符合有关的比例关系要求。当用框图说明测量仪器与给定量的各级计量标准之间的关系时，该图称为溯源等级图，图中同样需明确标明溯源链中每个环节的测量不确定度。这些不确定度的表示应符合要求。

5. 科学技术研究及工程领域的测量

测量不确定度适用于一切科技与工程项目，这是一个非常广阔的应用领域，例如，无论是科学发明还是技术创新，科技成果大多必须以测量结果及其测量不确定度来评价其水平。重大工程的方案论证离不开测量不确定度的分析和预估，从而给出合理的技术要求；工程的验收大纲应该规定测量的要求，其中也包括测量不确定度的要求；高等学校学生在毕业论文涉及测量结果时也应该正确使用测量不确定度，因此关于测量不确定度的知识也适用于高等院校的测量课程。

6. 计量资质认定、计量确认、质量认证以及实验室认可中对测量结果和测量能力的表述

在计量资质认定、计量确认、质量认证中，要根据相关的标准对测量设备能否满足产品质量检测的要求、测量不确定度能否满足使用的要求进行评审；在实验室认可中，对测量范围及测量不确定度的考核结果是评定该实验室技术能力的依据。

7. 测量仪器的校准、检定以及其他计量服务

测量仪器是人们测量时必不可少的工具，为了保证其计量特性能满足使用要求，必须进行定期校准或检定。也就是将测量仪器与相应的计量标准进行技术比较，从而给出仪器的校准值、校准曲线或修正值、修正曲线，此时应该同时给出这些值的测量不确定度；对于法制计量范围内的测量仪器，必须按规定与相应的计量标准进行技术比较后，再与被检测量器具的技术指标作比较，给出合格或不合格的检定结论，此时应该考虑标准值的测量不确定度与被检仪器最大允许误差

之间的比例关系，因为它关系到合格评定的可信程度或误判风险。

8. 贸易结算、医疗卫生、安全防护、环境监测及资源测量

由于贸易结算、医疗卫生、安全防护、环境监测等项目在国家经济和民生中的重要地位，有关的计量器具多数已列入了强制检定项目中，检定规程中应该分析测量不确定度的来源和评定测量不确定度，以确保检定结论的有效。对这类测量所用的计量标准与检测设备的要求及对测量结果的质量的评定通常应该是需要更严格把关的。

1.3.2 JJF 1059.1 的适用范围和适用条件

1. JJF 1059.1 的适用范围

（1）JJF 1059.1 是一个通用规范，该规范适用于涉及有明确定义并可以用唯一值表征的被测量估计值的不确定度的评定与表示。

例如：直接用数字电压表测量频率为 50Hz 的某实验室的电源电压，电压是被测量，它有明确的定义和特定的测量条件，用的测量仪器是数字电压表，进行 3 次测量，取其平均值为被测量的最佳估计值，其值为 220.5V，它是被测量的估计值并用一个值表征。现有规范对这样的测得值进行测量不确定度评定和表示是适用的。

又如，通过对电路中的电流 I 和电压 V 的测量，用公式 $P = IV$ 计算出功率值 P，这是属于间接测量，也符合有明确定义的并可用唯一值表征的条件，因此 JJF 1059.1 是适用的。

（2）当被测量为导出量，其测量模型即函数关系式中的多个变量又由另外的函数关系确定时，对于被测量估计值的不确定度评定，JJF 1059.1 的基本原则也是适用的，但是评定起来比较复杂。

例如：被测量功率 P 是输入量电流 I 和温度 t 的函数，其测量模型为 $P = C_0 I^2 / (t + t_0)$，而电流 I 和温度 t 又由另外的函数确定：$I = V_s / R_s$，$t = \alpha \beta^2(t) R_s - t_0$。评定功率 P 的测量不确定度时，该规范同样适用。

（3）对于被测量呈现为一系列值的分布，或对被测量的描述为一组量时，则被测量的估计值也应该是一组量值，测量不确定度应相应于每一个估计值给出，并应给出其分布情况及其相互关系。

（4）当被测量取决于一个或多个参变量时，例如以时间或温度等为参变量时，被测量的测得值是随参变量变化的直线或曲线，对于在直线或曲线上任意一点的估计值，其测量不确定度是不同的。测量不确定度的评定可能要用到最小二乘法、矩阵等数学运算，但 JJF 1059.1 的基本原则也还是适用的。

（5）JJF 1059.1 的基本原则也可用于在统计控制下的测量过程的测量不确定

度的评定，但评定时需要考虑测量过程的合并样本标准偏差作为 A 类评定的标准不确定度。

（6）JJF 1059.1 也适用于实验、测量方法、测量装置和测量系统的设计和理论分析中有关不确定度的评定与表示，许多情况下是根据对可能导致不确定度的来源进行分析与评估，预估测量不确定度大小的。

（7）JJF 1059.1 仅提供了评定和表示测量不确定度的通用规则，涉及一些专门测量领域的特殊问题的不确定度评定，如果必要，本规范鼓励各专业技术委员会以此规范为依据制定专门的技术规范或指导书。

2. JJF 1059.1 的主要适用条件

JJF 1059.1 是采用 ISO/IEC Guide98-3：2008《测量不确定度表示指南》的方法进行测量不确定度评定，简称 GUM 法，其主要适用条件为：

（1）可以假设输入量的概率分布呈对称分布；

（2）可以假设输出量的概率分布近似为正态分布或 t 分布；

（3）测量模型为线性模型、可转化为线性的模型或可用线性模型近似的模型。

规范中的"主要"两字是指：从严格意义上来说，在规定的该 3 个条件同时满足时，GUM 法是完全适用的，但并不是在不满足这些条件情况下绝对不能用。当其中某个条件不完全满足时，有些情况下可以作近似、假设或适当处理后使用。在测量要求不太高的场合，这种近似、假设或处理是可以接受的。但在要求相当高的场合，必须在了解 GUM 适用条件后予以慎重处理。

关于 GUM 法适用条件的理解，主要包括：

（1）GUM 法适用于可以假设输入量的概率分布呈对称分布的情况。

在 GUM 法评定测量不确定度时，首先要评定输入量的标准不确定度，除了 A 类评定外（一般由各种随机影响造成测得值的分散性可假设为对称的正态分布），许多情况下是采用 B 类评定的，只有输入量的概率分布为对称分布时，才可能确定区间半宽度，用于通过 B 类评定得到输入量的标准不确定度。常用的对称分布有正态分布、均匀分布、三角分布、梯形分布、反正弦分布等。如果输入量呈指数分布、泊松分布等非对称分布时，一般来说 GUM 法是不适用的。

实际情况中，常遇到有些输入量的估计值是由仪器测量得到的，仪器的最大允许误差可能是一个非对称的区间，甚至是单侧区间，此时，只有假设或近似为对称区间后才能进行 B 类评定。

（2）GUM 法适用于输出量的概率分布近似或可假设为正态分布或 t 分布的情况。对于这一条应理解为：GUM 法适用于输出量 y 为正态分布、近似为正态分布或者可假设为正态分布，此时，$(y - Y)/u_c(y)$ 接近 t 分布的情况。

① 当测量模型中输入量很多或确定输出量时导致不确定度的来源很多，各不确定度分量相互独立且大小相近时，可以认为输出量的概率分布近似为正态分布。例如 $Y = c_1 X_1 + c_2 X_2 + \cdots + c_N X_N$，如果其所有的输入量 X_i 是用正态分布表征，则 Y 的分布也是正态分布的。然而，当输入量很多时，即使 X_i 的分布不是正态的，根据"中心极限定理"，Y 的分布通常可以用正态分布近似。矩形分布是非正态分布的极端例子，但即使只有 3 个等宽度的矩形分布，其卷积仍接近正态分布（参见 ISO/ IEC Guide98-3：2008，G. 2. 1，G. 2. 2）。所以，许多情况下假设输出量接近正态分布是合乎实际的，GUM 中，约定采用 $k = 2$ 的扩展不确定度 U，由它确定的包含区间的包含概率约为 95%，就是在接近正态分布的基础上得出的。

② 若用算术平均值作为被测量（即输出量）的最佳估计值 y，其给定包含概率的扩展不确定度为 U，当 y 服从正态分布时，算术平均值与算术平均值的标准偏差之比服从缩放平移 t 分布，即 y/u_c 的分布为自由度为 ν_{eff}、输出估计值为 y、方差为 $(U_p/k_p)^2$ 的 t 分布。所以，GUM 中规定，可以用查 t 分布的 t 值表来确定包含概率为 p 的包含因子 k_p，从而得到 U 和包含概率为 p 的包含区间 $y \pm U_p$。

③ 当输出量的概率分布不能充分近似正态分布或 t 分布时，也就无法应用中心极限定理提供一个相应于规定包含概率的包含区间（参见 ISO/ IEC Guide98-3：2008，G2.1，G. 6. 6）。这种不充分近似可能会出现在以下情况之一：

——起主导作用的输入量 X_i 的概率分布不是正态分布或 t 分布；

——测量模型是非线性的（当测量模型为非线性时，往往会改变输出量概率分布的形状）；

——使用 Welch-Satterthwaite 公式计算有效自由度时引入的近似误差不可忽略。

如果不能充分近似正态分布或 t 分布时，由 $k = 2$ 的扩展不确定度 U 确定的包含区间的包含概率不是 95% 左右（可能远大于 95%），并且不能用查 t 分布的 t 值表来确定包含概率为 p 的包含因子 k_p 的方法得到 U_p。此时，需要确定输出量的概率分布，并根据它来确定包含因子 k_p 的值，例如当输出量为均匀分布时，U_{95} 的包含因子 k_p 为 1.65。如何确定输出量的概率分布，并如何根据分布来确定包含因子 k_p 的值，这个内容没有包含在 GUM 内。实际评定时，往往仍然约定采用 $k = 2$ 的扩展不确定度，但要知道此时的包含概率不是 95% 左右。

④ 当输出量为非对称分布时应特别注意不能用扩展不确定度来确定包含区间，此时 GUM 法是不适用的。

（3）GUM 法适用于测量模型为线性模型、可转化为线性的模型或可用线性模型近似的情况。也就是说，测量函数在输入量估计值附近应近似为线性。在大多数情况下这是可以满足的。

GUM 法的核心是用不确定度传播律计算合成标准不确定度。测量模型表示为 $y = f(x_1, x_2, \cdots, x_N)$，不确定度传播律公式表示为：

$$u_c(y) = \sqrt{\sum_{i=1}^{N} \left[\frac{\partial f}{\partial x_i}\right]^2 u^2(x_i) + 2\sum_{i=1}^{N-1}\sum_{j=i+1}^{N} \frac{\partial f}{\partial x_i}\frac{\partial f}{\partial x_j} r(x_i, x_j) u(x_i) u(x_j)} \quad (1\text{-}1)$$

当各输入量间均不相关时，不确定度传播律公式为

$$u_c(y) = \sqrt{\sum_{i=1}^{N} \left(\frac{\partial f}{\partial x_i}\right)^2 u^2(x_i)} \quad (1\text{-}2)$$

式中，$\dfrac{\partial f}{\partial x_i}$ 是测量函数在第 i 个输入量 X_i 的估计值 x_i 处的一阶偏导数，它是函数曲线在 $X_i = x_i$ 点的斜率，又称灵敏系数。该不确定度传播律公式中只涉及一阶偏导数，未包含二阶或更高阶的偏导数。

① 在线性测量模型时，只存在一阶偏导数，且一阶偏导数为常数，二阶或更高阶的偏导数均为 0，所以线性模型时不确定度传播律公式完全适用。例如，测量模型为 $Y = A_1 X_1 + A_2 X_2 + \cdots + A_N X_N$，输出量与各输入量间均为线性关系，则该模型为线性模型，这种情况下完全可以用不确定度传播律公式计算合成标准不确定度。

② 虽然测量模型为非线性模型，但只要能转化成线性模型的情况，则不确定度传播律公式仍然可用。

例如：测量模型为 $Y = A_1 X_1^{P_1} X_2^{P_2} \cdots X_N^{P_N}$，该模型属于非线性的模型，当 Y 具是这种形式时，可进行对数变换：

设 $Z = \ln Y$ 和 $W_i = \ln X_i$，可以使新的变量完全线性化为 $Z = \ln A + \sum_{i=1}^{N} P_i W_i$（$\ln A$ 为常数）。不确定度传播律在该线性化情况下适用，因此：

$$u(Z) = \sqrt{\sum_{i=1}^{N} \left[P_i u(W_i)\right]^2} \quad (1\text{-}3)$$

由于 $u(z) = u(\ln y) = u(y)/y$，$u(W_i) = u(\ln x_i) = u(x_i)/x_i$，由此导出相应的合成标准不确定度公式

$$\frac{u_c(y)}{y} = \sqrt{\sum_{i=1}^{N} \left[P_i u(x_i)/x_i\right]^2} \quad (1\text{-}4)$$

实际上，只要测量模型为 $Y = A_1 X_1^{P_1} X_2^{P_2} \cdots X_N^{P_N}$，就可直接用该公式计算相对合成标准不确定度，不必每次评定时进行线性化处理。

③ 当测量函数为非线性时

a. 可用泰勒级数展开，略去高阶项后，测量模型成为近似的线性模型，如

果这种近似能够满足需求，且各输入量间不相关，则可以用不确定度传播律公式计算合成标准不确定度。

例如，测量模型为 $L = \dfrac{1}{1 + \alpha\theta}[L_s(1 + \alpha_s\theta_s) + d]$，该模型为非线性模型，按泰勒级数展开，忽略高阶项后得到近似的线性模型

$$L \approx L_s + d + L_s(\alpha_s\theta_s - \alpha\theta) \tag{1-5}$$

各输入量间不相关，不确定度传播律在该线性化情况下适用。

计算时，有可能得到某个输入量的一阶偏导数为 0，这种情况下，不要轻易断定该输入量的不确定度对输出量的测量不确定度没有贡献，还应该考虑其二阶偏导数。

b. 若偏导数不难求得时，可以直接使用不确定度传播律公式计算出合成标准不确定度。但要认识到，这是基于一阶近似的。

c. 在高阶项不能忽略，且输入量不相关的情况下，被测量的估计值 y 的合成标准不确定度 $u_c(y)$ 的公式中还应该增加高阶项，例如可按下式计算：

$$u_c(y) = \sqrt{\sum_{i=1}^{N}\left[\frac{\partial f}{\partial x_i}\right]^2 u^2(x_i) + \sum_{i=1}^{N}\sum_{j=1}^{N}\left[\frac{1}{2}\left(\frac{\partial^2 f}{\partial x_i \partial x_j}\right)^2 + \frac{\partial f}{\partial x_i}\frac{\partial^3 f}{\partial x_i \partial x_j^2}\right]u^2(x_i)u^2(x_j)}$$

$$\tag{1-6}$$

总之，测量模型为线性时测量不确定度传播律公式是严格成立的，而模型为非线性时使用测量不确定度传播律是有条件的。

由此可见，只有同时满足上述 3 个条件时，GUM 法才完全适用。当上述适用条件不能完全满足时，一般采用一些近似或假设的方法处理；当怀疑这种近似或假设是否合理有效时，若必要和可能，最好采用蒙特卡洛法验证其评定结果；当 GUM 法不适用时，可以用蒙特卡洛法（即采用概率分布传播的方法）评定测量不确定度。

3. JJF 1059.2 的适用范围

JJF 1059.2 是用蒙特卡洛法评定测量不确定度的方法，简称 MCM。MCM 的适用范围比 GUM 法广泛，除了 GUM 法可用的情况外，还可适用于以下典型情况时的不确定度评定：

（1）各不确定度分量的大小不相近；

（2）输入量的概率分布不对称；

（3）测量模型非常复杂，不能用线性模型近似；

（4）不确定度传播律所需模型的偏导数很难求得或不方便提供；

（5）输出量的估计值与其标准不确定度大小相当；

（6）输出量的概率分布不是正态分布或 t 分布，也可以是不对称分布。

JJF 1059.2 是对 JJF 1059.1 的补充。JJF 1059.2 提供了验证程序，GUM 法的评定结果可以用蒙特卡洛法进行验证，当评定结果一致时，仍然可以使用 GUM 法进行不确定度评定。因此，GUM 法仍然是不确定度评定最常用和最基本的方法。

第2章 关于误差的基本概念

2.1 误差的定义和来源

2.1.1 误差的定义

经验表明，同一个样品，不同的实验室测试结果不一定相同；同一实验室中，不同的试验员测试结果也不一定相同；甚至，同一试验员重复试验的测试结果也不一定相同。造成这种现象的原因是试验结果存在误差。试验结果存在误差，这是一种普遍现象，正因如此，人们总结出了一条误差公理：测量结果都具有误差，误差自始至终存在于一切科学实验和测量过程之中。

由于检测仪器、测量条件、环境等因素的限制，测量不可能无限精确，受检参数的测量值与客观存在的真值之间总会存在着一定的差异。测量值与真值之间的差异称为误差。

从事质量检验工作离不开各种测试、试验工作，而试验结果总伴随着误差，因此有必要了解一些试验误差的基本知识。

1. 绝对误差

某被测量的给出值 x（测量值、测量结果、仪器表示值等）与客观存在的真值 x_R 之间的差异，称为绝对误差，记作 Δ。

$$\Delta = x - x_R \tag{2-1}$$

绝对误差是一个数值，具有量纲，所以不能用于比较不同量程的同类仪表或不同种类仪表之间的测量精度。例如测量屋架的挠度 100mm 和测量楼板的挠度 10mm 的绝对误差均为 ±1mm 时，测量精度却相差很远。

［例 2-1］ 用磅秤称物体的质量。若物体的真实质量为 85.0kg，而称量的结果为 86.0kg 或 84.5kg，则称量误差分别为：

误差＝给出值－真值＝86.0kg－85.0kg＝1.0kg；

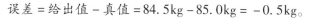

$$误差 = 给出值 - 真值 = 84.5kg - 85.0kg = -0.5kg。$$

绝对误差是给出值与真值之差，它不是误差的绝对值，它有正有负。当给出值大于真值时，误差为正，表示给出结果偏大；当给出值小于真值时，误差为负，表示给出结果偏小。

真值有其客观存在，所谓试验误差是试验结果存在的误差，而不是真值存在的误差。

真值往往是未知的，正因为未知才需要测量，才需要做试验。真值未知，误差也是未知的。但是，在实际工作中，误差可以被估计，给出误差的估计范围，如极限误差等，在某些情况下真值是可知的。

（1）理论真值

如平面三角形三内角之和为 180°，一个圆的圆心角为 360°等。

（2）计量学约定真值

①长度单位——m（米），光在真空中于 1/299792458 秒的时间间隔内行程的长度；

②质量单位——kg（千克），保存在法国巴黎国际计量局的铂-铱合金圆柱体（国际千克原器）的质量；

③时间单位——s（秒），铯-133 原子处于特定的状态（原子基态的两个超精细能级之间的跃迁）时，辐射出 9192631770 个周期的电磁波所持续的时间；

④电流强度单位——A［安（培）］在真空中两根无限长而细的平行导线，其间相距 1m，由一恒定的电流通过，如果两导线之间产生的力，在每米长度的导线上为 $2 \times 10^{-7}N$ 时，其电流即为 1A。

⑤热力学温度单位——K［开（尔文）］，水三相点热力学温度的 1/273.16 为 1K 温度间隔等于 19℃的温度间隔。

⑥发光强度单位——ed［坎（德拉）］，一个频率为 $540 \times 10^{12}Hz$ 的单色辐射光源，如果在给定方向上的辐射强度为（1/683）W/sr（瓦特每球面度）时，则光源在该方向上的发光强度为 1cd。

⑦物质的量单位——mol［摩（尔）］，是一系统的物质的量，该系统中所包含的基本单元数与 0.012kg 碳-12 的原子数目相等时为 1mol。基本单元可以是原子、分子、离子、电子及其他粒子，或是这些粒子的组合。

（3）标准器相对真值

除以上两种真值知道的情况外，在实际工作中，人们经常将标准器相对真值作为真值看待。若高一级标准器的误差与低一级标准器或普通计量仪器的误差相比，为其 1/5（或 1/3 ~ 1/20）时，则前者可作为后者的相对真值。比如计量检定的结果就是作为相对真值来使用的。标准样品的标准值也是作为相对真值来使用的。

2. 相对误差

一个真值为 100g 的砝码，称量结果为 101g，则误差为 1g。一个真值为 1000g 的砝码，称量结果为 1001g，误差也是 1g。虽然二者的误差都是 1g，但二者称量的精度是不同的。显然，后者称量的精度高于前者。为了更好地描述测量的精度，我们引入相对误差的定义：绝对误差 Δ 与客观存在的真值 x_R 之间的比值，称为相对误差，记作 δ。

$$\delta = \frac{\Delta}{x_R} = \frac{x - x_R}{x_R} \tag{2-2}$$

相对误差往往用百分数表示。如上述的例子：

相对误差 = 1g/100g = 0.01 = 1%；相对误差 = 1g/1000g = 0.001 = 0.1%。

在实际工作中，我们常用相对误差来表示测试结果的精度。相对误差越小，测试结果的精度越高。

因为真值往往未知，所以也难以计算相对误差。但当误差较小时有：

相对误差 ≈ 误差 ÷ 给出值

[**例 2-2**]　用钢尺测量某一线段的长为 80mm，误差 0.5mm；用量角器测量某一角度为 90°，误差是 30′，试比较两者测量精度的高低。

解：前者

相对误差 = 误差 ÷ 给出值 = 0.5mm/80mm = 0.62%

后者

相对误差 = 误差 ÷ 给出值 = 30′/90° = 0.56%

因此，后者的测量精度高于前者。

本例中，前者的误差是 0.5mm，后者的误差是 30′，这是两个不同量纲的量，所以二者的绝对误差无法进行比较。但相对误差表示测试结果的精度，是无量纲的量，所以可以进行相互比较。

一般说来绝对误差仅用于描述测试结果误差的大小或真值相近的测试试结果的误差的比较。当真值相差很大，或不同量纲的测试结果进行误差比较时，必须用相对误差进行比较。

3. 真值

真值是指与给定的特定量的定义一致的值，被测量的真值是客观存在的，真值本身不存在差的问题，但由于真值也需要通过测量进行确定，而测量必然存在误差，所以绝对真值无法确定。因此，以上两式定义的绝对误差和相对误差只是一个理论上的概念。为了解决实际应用的问题，一般通过计量检定、标准样品或公议值来提供相对真值。

4. 引用误差

一个仪表有若干刻度，每个刻度都有相应的示值误差，仪表的示值误差除以仪表的示值就是仪表在该刻度的相对误差。在不同的刻度，仪表的示值不同，示值误差一般也不同。因此，仪表在不同刻度的相对误差彼此不一样，即同一仪表在不同刻度的测试精度不同。那么，如何表示仪表的精度呢？为此，引入引用误差的概念，定义如下：

$$引用误差 = 仪表示值误差 \div 仪表量程$$

[例 2-3]　某电压表刻度为 0~10V（即量程为 10V），在 5V 和 10V 处，计量检定值分别为 4.995V 和 10.006V，求该表在 5V 和 10V 处的示值误差、示值相对误差和引用误差。

解：①在 5V 处

示值误差 = 示值 - 真值 = 5 - 4.995 = 0.005（V）；

示值相对误差 = 示值误差 ÷ 给出值（示值）= 0.005V/5V = 0.1%；

引用误差 = 示值误差 ÷ 仪表量程 = 0.005V/10V = 0.05%。

②在 10V 处

示值误差 = 示值 - 真值 = 10 - 10.006 = -0.006（V）；

示值相对误差 = 示值误差 ÷ 示值 = -0.006V/10V = -0.06%；

引用误差 = 示值误差 ÷ 量程 = -0.006V/10V = -0.06%。

仪表在不同的刻度，引用误差一般不同。其中，引用误差（取绝对值）最大的一个称为最大引用误差。

$$最大引用误差 = 仪表最大示值误差 \div 仪表量程$$

一个仪表最大引用误差百分数的分子称为该仪表的精度等级。如某仪表的精度为 S 级，表明该仪表的最大引用误差为 $S\%$。若该仪表的量程为 x_m，则该仪表的

$$最大示值误差 = x_m \times S\%$$

[例 2-4]　量程为 100Ω 的 0.2 级电阻表，求它的最大示值误差。

解：该电阻表是 0.2 级表，所以它的最大引用误差为 0.2%，

$$最大示值误差 = x_m \times S\% = 100\Omega \times 0.2\% = 0.22\Omega。$$

[例 2-5]　某 0.1 级 10A 电流表，经检定最大示值误差为 8mA，问该仪表是否检定合格。

解：该电流表的最大示值误差 = $x_m \times S\%$ = 10A × 0.1% = 10mA

而检定的最大示值误差 = 8mA，它小于 10mA，因此检定合格。

知道仪表的量程 x_m 和最大引用误差 $S\%$ 后，在任一测量点 x 处，仪表的示值误差 ≤ $x_m \times S\%$，因此，在测量点 x 处的

$$示值相对误差 \leqslant \frac{x_m \times S\%}{x}$$

因为 $x \leqslant x_m$，所以 $\frac{x_m}{x} \geqslant 1$，因此 x 越接近于 x_m，$\frac{x_m}{x}$ 就越小，此时 x 处的示值相对误差也越小，测试精度越高；反之，x 越小于 x_m，$\frac{x_m}{x}$ 就越大，此时 x 测量点对应的示值相对误差也越大，测试精度越低。这就是为什么在使用这类仪表时，尽可能在仪表的上限处附近或大于 2/3 量程处进行测量的原因所在。

[例2-6] 某待测电流约 1.8A，现有 0.5 级 20A 和 1.0 级 2A 电流表，问用哪个电流表测量较好？

解：用 0.5 级 20A 电流表测量时，$x_m = 20A$，$S = 0.5$，测量的最大相对误差为 $\frac{x_m \cdot S\%}{x} = \frac{20 \times 0.5\%}{1.8} = 5.6\%$；用 1.0 级 2A 电流表测量时，$x_m = 2A$，$S = 1.0$，测量的最大相对误差为 $\frac{x_m \cdot S\%}{x} = \frac{20 \times 1.0\%}{1.8} = 1.1\%$。

此例说明，选用测量仪器时，不仅要看仪表的精度等级，还要选择适当的量程。量程选择适当，低精度等级仪表测量结果的精度，可能比量程选择不当的高精度等级仪表测量结果的精度高。

5. 应用实例

上面我们介绍了绝对误差、相对误差、引用误差和测试精度的概念，这些概念对于试验误差的分析是很有意义的，下面举几个例子。

[例2-7] 在计量仪器的性能指标中，往往有感量或最小分度值这个指标。根据这个指标，我们可以分析它的测试精度。如用万分之一天平（感量为 0.1mg）称量 5mg，10mg，20mg 的试样，问其称量精度是多少。

解：我们可近似地将感量（最小分度值）的半个单位看作测试的最大示值误差。相对误差分别为：

0.05mg/5mg = 1%，0.05mg/10mg = 0.5%，0.05mg/20mg = 0.25%。称量精度分别为 1%、0.5% 和 0.25%。

[例2-8] 要求称量误差小于 1%，用感量为 0.1mg 的天平称量，试样量至少需要多少？

解：感量 0.1mg 的天平称量误差 ≤ 0.05mg，要求称量误差小于 1% 也就是要求 $\frac{称量误差}{试样量} \leqslant 1\%$，即试样量 $\geqslant \frac{称量误差}{1\%} = \frac{0.05mg}{0.01} = 5mg$

这就是根据仪器精度和试验精度要求，如何确定试样量的问题。

反过来，如果试样量限定，又要求试验精度时，必须选择仪器的精度。

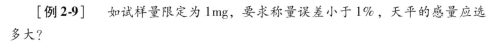

[例 2-9]　　如试样量限定为 1mg，要求称量误差小于 1%，天平的感量应选多大？

解：同样，由题意有 $\dfrac{称量误差}{试样量} \leqslant 1\%$，即：

称量误差 $\leqslant$ 试样量 $\times 1\% = 1mg \times 0.01 = 0.01mg$

因此，要选择感量为 0.01mg 的天平，此时称量误差 $\leqslant 0.005mg$，满足称量误差 $\leqslant 0.01mg$ 的要求。

[例 2-10]　　若某产品的断裂比强度为 30.0cN/tex，试验结果要求保留一位小数，问测试精度是多少？

解：试验结果保留一位小数，即要求试验结果的整数位是准确的，它要求试验结果的绝对误差不超过 0.5cN/tex，相对误差不超过 $0.5/30.0 = 0.017 \approx 2\%$，即测试精度为 2%。

[例 2-11]　　在废水悬浮固体的测定方法中，使用万分之一分析天平（分度值 0.1mg），试验方法要求量取均匀适量水样（使悬浮物大于 2.5mg）。试分析称量精度。

解：因为水样的悬浮物大于 2.5mg，而分析天平的分度值 0.1mg，读数误差 $\leqslant 0.05mg$，所以，称量相对误差 $\leqslant \dfrac{0.05}{2.5} = 0.02 = 2\%$。

2.1.2　误差的来源

误差尽管是不可避免的，但随着科学技术水平的提高以及人们的经验、技巧和专门知识的丰富，误差可以被控制得越来越小。我们要求试验结果准确，就是要求测试结果的误差小。为此，我们应该了解误差的来源。

误差的来源主要有以下五个方面：

1. 装置误差

它指的是试验工作中所用的计量器具和辅助设备本身对试验结果所引起的误差。如纤维切断器切断长度偏长或偏短，强力机隔距长度、显微镜放大倍数不准，电测器刻度误差等都会引起试验误差。为克服或减少装置误差，计量器具必须定期检定。

2. 环境误差

由于被测量本身的大小往往随环境条件的变化而变化，又由于测试用的仪器设备的性能往往也与环境条件有关；甚至，环境条件对操作人员的心理、生理也有影响，从而影响其测试技术水平的发挥。由于这一切造成了因环境条件而引起的试验误差。为了减少环境误差对试验结果的影响，试验方法标准一般都对试验的环境条件提出一定的要求，测试时环境条件必须满足标准提出的要求。

3. 人员误差

这是指由于不同的操作人员在操作手法、固有习惯和生理分辨能力等方面的差异而引起的误差。特别是有的试验方法，手工操作环节比较多，对操作手法要求比较高，这时人员误差往往在总误差中占有较大比重，必须引起足够的注意。为了减少人员误差，操作人员必须经过培训，要持证上岗操作。操作人员要勤学苦练，努力提高自己的测试技术水平。此外，要经常用标准样品来校准自己的测试结果，积极参加全国比对试验等。

4. 方法误差

也称理论误差。这是由于测试方法或计算方法不完善而引起的误差。比如棉花含水率或回潮率的试验，样品到底用箱内称重还是箱外称重，是箱外热称还是箱外冷称，由于称重方法的不一样，就会造成很大的误差。又如使用电测器测试棉花的回潮率，对于回潮率的温差补偿，由于理论研究尚不充分，因此，补偿的结果存在误差。因此，为了减小方法误差，要对试验方法进行研究，使之不断完善，或者用一种新的、精密度更高的方法来取代旧方法。

5. 抽样误差

这实质上是由于试验对象的变动而引起的误差。显然，对抽样单元来说，如果试验对象是绝对均匀的，则不存在抽样误差。但是，有些材料是不可混匀的物质，因此，抽取的样品与样品之间就存在着差异。样品的制备及取样数量的不同，都可能使抽取的样品失去代表性，这会引起试验结果的较大误差。如何减小抽样误差，对于质检工作来说，是非常重要的问题。为此，除了要严格按照有关标准要求的抽样方法和抽样数量进行抽样和样品制备外，往往还要求做重复试验，而且重复试验的结果必须符合精密度的要求。

2.2　误差的分类与试验结果的评价

2.2.1　误差的分类

为了便于对误差进行分析和处理，根据误差的性质和特点，通常将误差分为随机误差、系统误差和粗大误差。

1. 随机误差

随机误差是指测量结果与同一待测量的大量重复测量的平均结果之差，具有以下特点：

（1）绝对值小的误差出现的概率比绝对值大的误差出现的概率大。

（2）误差的绝对值不会超过某一个界限，绝对值很大的误差出现的概率近于零。

（3）绝对值相等的正误差和负误差出现的概率相等，在一定测量条件下，测量值误差的算术平均值随着测量次数的增加而趋于零。

（4）单次测量的随机误差没有规律，大小和方向都不固定，不能用修正或采取某种技术措施来消除。

（5）多次测量结果服从统计规律，通过对测量数据的统计处理，能在理论上估计其对测量结果的影响。

随机误差大抵来源于影响量的变化，这种变化在时间上和空间上是不可预知的或随机的，它会引起被测量重复观测值的变化，故称之为"随机效应"。服从正态分布的随机误差的统计规律性，可归纳为对称性、有界性和单峰性：

（1）对称性是指绝对值相等而符号相反的随机误差，出现的次数大致相等，亦即测得量值是以其算术平均值为中心而对称分布的。

（2）有界性是指测得量值随机误差的绝对值不会超过一定界限，亦即不会出现绝对值很大的误差。

（3）单峰性是指绝对值小的随机误差比绝对值大的随机误差数目多，亦即测得量值以算术平均值为中心相对集中地分布的。

2. 系统误差

1）系统误差的定义及影响因素

系统误差是指在一定的测量条件下，对同一个被测量进行多次重复测量时，误差值的大小和符号（正值或负值）保持不变；或者在条件变化时，按一定规律变化的误差。系统误差具有重复性、单向性的特点，测量结果向一个方向偏离，其数值按一定规律变化。对测量数据的统计处理不能反映系统误差的影响，但可通过比对和校准进行识别。实际工作中应根据具体的情况，找出产生系统误差的主要原因，可采取适当措施降低它的影响或对其影响进行适当的修正。

系统误差是由恒定不变或可预见的规律变化的因素所造成，这些误差因素是可以掌握的，具体如下：

（1）测量设备的因素：体现为示值误差，主要有仪器设备结构原理设计上的缺陷；仪器设备零部件制造和安装的缺陷，诸如标尺刻度偏差、刻度盘和指针安装偏心；使用中的老化等。

（2）环境条件因素：测量过程中温湿度、大气压力按一定规律性变化。

（3）测量方法因素：采用近似测量方法或近似的计算公式等。

（4）测量人员因素：习惯偏向某一方向读数，动态测量时，记录某一信号有滞后倾向等。

由于系统误差及其原因不能完全获知，因此通过修正值对系统误差只能是有限程度的补偿。当测量结果以代数和与修正值相加之后，其系统误差之模会比修正前的要小，但不可能为零。来源于影响量的已识别的效应称为系统效应。参考量值可以是被测量的真值，这种情况它是未知的；也可以是约定量值或参考量值（通常是由上一级检定/校准的测量标准提供的），这种情况它是已知的。

2）系统误差的修正

在 GUM 中，隐含着一个假设，即由显著的系统效应引起的所有误差分量，都评定并修正。偶尔可发现，系统影响的已知修正量 b 并未用于报告的测量结果中，而是试图放大赋予结果的"不确定度"来考虑这种影响的。应避免这种做法。只有在非常特殊的情况下，虽存在已知的显著的系统影响，仍不对测量结果进行修正。已知修正量若可疑，则放大测量不确定度来考虑显著偏倚的影响在大多数情况下肯定更好。

3. 粗大误差

在一定条件下，测量结果明显偏离真值时所对应的误差，称为粗大误差。粗大误差主要由操作失误、仪器缺陷、方法偏离等原因造成。粗大误差会明显歪曲检测结果，含有粗大误差的实验数据称为异常值。对测量数据的统计处理能反映粗大误差的影响，也可通过经验判断进行识别。经确认后的粗大误差应予以剔除。

2.2.2 随机误差的分布

1. 随机误差的分布规律

根据概率论的中心极限定理，大量的独立随机变量之和具有近似于正态的分布。随机误差是由一系列独立因素引起的，一般采用正态分布来表示随机误差的分布规律。

2. 函数误差及误差传递公式

有些参数不能直接测量，需要根据其他多个可以直接测量的参数通过公式计算得到，例如，混凝土抗压弹性模量 E 是压力 P、截面积 S、应变值 ε 的函数，按式（2-3）进行计算：

$$E = \frac{P}{S\varepsilon} \tag{2-3}$$

测量 P、S 和 ε 时均存在误差，这些误差影响到弹性模量 E 的测量结果。

函数误差可根据误差传递法则进行处理，常用的方法有以下两种：

（1）间接测量结果与直接测量的参数存在确定性的函数关系。

假设 y 与 x_1，x_2，…，x_n 存在确定的函数关系：

$$y = f(x_1, x_2, \cdots, x_n) \tag{2-4}$$

那么 y 的绝对误差可由式（2-3）计算：

$$\Delta_y = \sum_{i=1}^{n} \left| \frac{\partial f}{\partial x_i} \right| \Delta_{xi} \tag{2-5}$$

式中　Δ_y——间接测量结果的绝对误差；

$\dfrac{\partial f}{\partial x_i}$——关于 x_i 的偏导数；

Δ_{xi}——第 i 个直接测量参数 x_i 的绝对误差。

（2）间接测量结果与直接测量的参数不存在确定性的函数关系。

如果间接测量结果与直接测量的参数不存在确定的函数关系，间接测量结果 y 的相对误差可以通过式（2-6）计算：

$$\delta_y = \sqrt{\sum_{i=1}^{n} \delta_{xi}^2} \tag{2-6}$$

式中　δ_y——间接测量结果的相对误差；

δ_{xi}——第 i 个直接测量参数 x_i 的相对误差。

2.2.3　试验结果的评价

根据试验误差的情况，可以评价试验结果的好坏。它可以用以下几个量来描述。

1. 精密度

精密度是在规定的条件下，相互独立的测试结果之间的一致程度。如重复试验数据之间的一致程度。精密度仅依赖于试验的随机误差，它反映试验结果中随机误差大小的程度。随机误差越小，试验结果的精密度越好。

2. 正确度

正确度是由大量测试结果得到的平均数与接受参照值之间的一致程度。

所谓接受参照值是指用作比较的经协商同意的标准值，它来自于：①基于科学原理的理论值或确定值；②基于一些国家或国际组织的试验工作的指定值或认证值；③基于科学或工程组织赞助下合作试验工作中的同意值或认证值；④当以上不能获得时，则用被测量的期望，即规定测量总体的均值。因此，接受参照值实际上就是被测量的真值、约定真值、标准值或者是其总体均值（期望）。所以，正确度是指测试结果的平均值与真值或总体均值间的一致程度，正确度是表示试验结果中系统误差大小的程度。系统误差越小，试验结果的正确度越好。

3. 准确度（精确度）

准确度是测试结果与接受参照值间的一致程度。

测试结果可以是几个观测值计算的结果，也可以是观测值本身。所以，准确度这个术语用于一组测试结果时，由随机误差含量和系统误差含量即偏倚分量组成。所以，准确度是试验结果中随机误差和系统误差的综合反映。

准确度是一个定性的概念，不宜将其定量化。换言之，我们可以说准确度高低、准确度等级或准确度符合某标准等，而不宜将准确度与数字直接相连，例如：准确度为 0.25% 、16mg 或 ±16mg 等。

2.2.4　试验数据的处理

我们进行试验时，试验结果不可避免地含有随机误差，往往也含有系统误差甚至粗差（粗大误差）。

含有粗差的数据属异常数据，它会严重歪曲试验结果。因此，在试验数据的处理中，必须首先予以剔除。

从试验误差的定义知道：

误差 = 测量结果 − 真值 = （测量结果 − 总体均值） + （总体均值 − 真值）
　　　= 随机误差 + 系统误差

对一组试验数据，当剔除了异常值，消除了系统误差后，数据还包含有随机误差。这时，还得检查数据的随机误差是否过大。因为当试验数据的随机误差过大，而重复试验的次数又不多时，试验结果是不可靠的。也就是说，这样的结果可信度是不够的，不能贸然地下试验结论。为此，试验数据还得进行精密度检查，只有当试验的精密度符合要求时，也就是试验的随机误差控制在允许的范围内时，才能给出试验的最终结果，否则应增加重复试验的数据个数。

总之，对一组试验数据，在进行数据的处理时，一般应按下述步骤进行：首先，检查并剔除异常数据。然后，检查并修正系统误差。最后，对重复试验数据进行精密度检查，符合精密度要求后，再给出最终试验结果。为此，我们将进一步介绍异常值检验与剔除、系统误差的发现与修正以及精密度检查等方面的内容。

2.3　异常值的检验与剔除

要在试验数据中消除异常值无非是从两个方面入手：事先防范，事后把关。

事先防范，首先在整个试验过程中要认真，不要拿错样品，不要读错、记错、抄错或算错数据。二要有制度保证，如对试验报告要有三级审核制度等。三是在试验过程中，当试验方法标准中明令要废弃的数据出现时，该数据必须废弃。四是在试验过程中，发现测试条件异常变故的情况要予以记录，以便供数据

分析时参考。事后把关就是对一组数据首先要进行异常值的检验和剔除。

在多次重复测量中，数据的变异是不可避免的，凡是客观条件不能解释为合理的那些过大或过小的数据就是可疑的，或称为异常数据。

2.3.1 判断和处理异常值的目的

异常数据来源于两个方面：一是由于检测过程中的失误造成的，例如操作过程出现偏离、检测人员误读数据、检测仪器发生故障、测试条件出现变化等；二是检测对象固有的变异性。在一组测量数据中可能包含由上述两种原因共同造成的偏差，而把它们精确地区分开来是非常困难的。在实际工作中，通常是分开进行处理。首先是通过控制检测对象的变异性来验证检测方法的不确定性，然后采用通过验证后的检测方法来确定检测对象的变异性。

判断和处理异常值的目的可以归结为以下 3 种：

（1）识别与诊断

找出异常值的目的是为了进行生产诊断、新规律探索、技术考查等工作。选择判断异常值的主要标准在于判断准确性，可根据所判断错误带来的风险不同，选择适宜的规则。

（2）估计参数

寻找异常值的目的在于确定这些值是否计入样本，以估准参数。判断异常值，就应把判断和处理异常值的方法和进一步作估计或检验的准确性统一起来考虑。

（3）检验假设

寻找异常值的目的主要在于确定这些值是否计入样本，以使判断结果尽量准确。

2.3.2 异常值的检验方法

消除测量数据中异常值的手段无非是事前防范、事后把关。事前防范属于试验过程中的管理问题，事后把关就是对一组数据进行异常值检验和剔除。虽然某些情况下测量数据中的异常值可以根据经验进行判别，但大部分情况下异常数据需要根据数理统计的方法进行判别。异常值的检验方法很多，常用的方法有拉依达法、肖维纳特法、格拉布斯法、狄克逊检验法、t 检验法和分布图法等。

1. 拉依达法

假设测量结果 $X \sim N(\mu, \sigma^2)$，根据正态分布规律，在多次试验中，测量值 x_i 落在 $\mu \pm 3\sigma$ 之间的概率可通过式（2-7）计算：

$$P(\mu - 3\sigma < X < \mu + 3\sigma) = \Phi(3) - \Phi(-3) = 0.997 \qquad (2\text{-}7)$$

即测量值 x_i 落在 $\mu \pm 3\sigma$ 之外的概率仅为 0.27%，这种出现的可能性很小的事件为小概率事件。根据小概率事件不可能发生原理，当某一测量数据 x_i 与均值 μ 之差的绝对值大于 3 倍标准差 σ 时，可认为该数据不可靠，应将其舍弃。由于均值和标准差通常也是未知的，当以算术平均值 $\bar{x}$ 作为 μ 的估计值、以样本标准差 s 作为 σ 的估计值时，拉依达法用公式表示为：

$$|x_i - \bar{x}| > 3s \tag{2-8}$$

拉依达法概念清晰、操作方便。但试验检测次数较少时（如 $n < 10$），由于以样本标准差 s 估计 σ 时存在较大偏差，拉依达法可能存在误判或漏判的情况。

2. 肖维纳特法

当测量结果 $X \sim N(\mu, \sigma^2)$，有 $(X - \mu)/\sigma \sim N(0,1)$，肖维纳特法假设 n 次测量结果中出现异常数据的概率不超过 $1/n$，即：

$$P\left(\left|\frac{X - \mu}{\sigma}\right| \leqslant k_n\right) \leqslant \frac{1}{n} \tag{2-9}$$

式中 k_n——标准正态分布的分位数。当异常值在上、下端均可能出现时，$k_n = |\Phi^{-1}(1/2n)|$，异常值只可能在上端或下端出现时 $k_n = |\Phi^{-1}(1/n)|$。

当以算术平均值 $\bar{x}$ 作为 μ 的估计值、以样本标准差 s 作为 σ 的估计值时，肖维纳特法用公式表示为：

$$|x_i - \bar{x}| > k_n s \tag{2-10}$$

当测量值 x_i 超出该范围时，就意味着该测量值 x_i 是可疑的，可考虑舍弃。

肖维纳特法简单方便，但 n 较小时，测量值不一定满足正态分布这一假设，肖维纳特法可能出现漏判或错判。

3. 格拉布斯法

拉依达法和肖维纳特法都是基于检测值服从正态分布，且总体均值等于样本均值、总体标准差等于样本标准差，当样本数量较少时，总体标准差和样本标准差之间可能存在较大的差别，此时应用拉依达法和肖维纳特法，会出现误判或漏判。

未知总体标准差时，广泛采用格拉布斯检验法判断和处理异常值。

当测量结果 $X \sim N(\mu, \sigma^2)$，概率密度函数为 $f(x)$、概率分布函数为 $F(x)$。进行 n 次试验，将 n 个测量结果 $x_1, x_2, \cdots, x_n$ 按从小到大的顺序重排为 $x_{(1)} \leqslant x_{(2)} \leqslant \cdots \leqslant x_{(n)}$，$x_{(1)}$ 为样本的最小次序统计量，$x_{(n)}$ 为样本的最大次序统计量。最小次序统计量 $x_{(1)}$ 和最大次序统计量 $x_{(n)}$ 的概率密度函数分别为：

$$\left. \begin{array}{l} f_{x(1)}(x) = n[1 - F(x)]^{n-1}f(x) \\ f_{x(n)}(x) = n[F(x)]^{n-1}f(x) \end{array} \right\} \tag{2-11}$$

构造样本统计量 $G_n = (x_n - \bar{x})/s$ 或 $G_n = (\bar{x} - x_1)/s$，G_n 是样本的函数，显然也是随机变量，服从一定的概率分布。对于给定 n 和 α，可以计算出 G_n 的临界值 $G_{n,1-\alpha}$，使得：

$$P(G_n \leqslant G_{n,1-\alpha}) = 1 - \alpha \tag{2-12}$$

4. 狄克逊检验法

狄克逊检验可用于在试验数据中发现多个异常值的情况。

设 n 个测试数据为 $x_1, x_2, \cdots, x_n$，检验步骤如下：

①排序

将 n 个数据按从大到小排列 $x_{(1)} \leqslant x_{(2)} \leqslant \cdots \leqslant x_{(n)}$。

②计算统计量

根据样本量 n 的大小，计算相应的狄克逊检验统计量 D。

③判断

从狄克逊检验临界值中，查显著性水平 $\alpha = 0.05$ 和 $\alpha = 0.01$ 时与 n 对应的狄克逊检验临界值 $D_{0.05}(n)$ 和 $D_{0.01}(n)$，并进行判断：

若统计量 $D \leqslant D_{0.05}(n)$，则这 n 个数据无异常值；$D_{0.05}(n) < D \leqslant D_{0.01}(n)$，则对应的 $x_{(1)}$ 或 $x_{(n)}$ 为异常值；$D > D_{0.01}(n)$，则对应的 $x_{(1)}$ 或 $x_{(n)}$ 为高度异常值。对剔除异常值后余下的数据继续进行狄克逊检验。

如果数据中的最小值或最大值被剔除后，应对余下的 $n-1$ 个数据继续进行检验，直到不能继续检出异常值为止。

5. t-检验法

上述 4 种方法中样本统计量的计算都包含了可能的异常数据，由于异常数据的影响，导致 s 偏大，从而出现漏判，为此，当样本量较小时，可采用 t-检验法。t-检验法实际上就是在标准差相等情况下检验两个样本的均值是否相同。

当测量结果 $X \sim N(\mu, \sigma^2)$，进行 n 次重复试验，将 $x_1, x_2, \cdots, x_n$ 按从小到大的顺序重排为 $x_{(1)} \leqslant x_{(2)} \leqslant \cdots \leqslant x_{(n)}$，$x_{(n)}$ 为样本的最大次序统计量，$x_{(1)}$ 为样本的最小次序统计量。

6. 分布图法

将 n 个测量结果 $x_1, x_2, \cdots, x_n$ 按从小到大的顺序重排为 $x_{(1)} \leqslant x_{(2)} \leqslant \cdots \leqslant x_{(n)}$，$x_{(1)}$ 为样本的最小次序统计量，$x_{(n)}$ 为样本的最大次序统计量，中位数 $\bar{x}$ 由式（2-13）计算：

$$\bar{x} = \begin{cases} x_{(n+1)/2} \\ \dfrac{x_{(n-1)/2} + x_{(n-1)/2}}{2} \end{cases} （n \text{ 为奇数}) \tag{2-13}$$

定义上四分位点 Q_u 为区间 $[\tilde{x}, x_{(n)}]$ 的中位数，下四分位点 Q_l 为区间 $[x_{(1)}, \tilde{x}]$ 的中位数；四分位数间距 $IQR = Q_u - Q_l$ 可看成是中间 50% 数据的极差，其值越大，变异度越大，反之，变异度越小，标准化四分位数间距 $NIQR = 0.7413IQR$ 可以作为标准差 σ 的估计值。

由于中位数 $\tilde{x}$ 和标准化四分位数间距 $NIQR$ 不受两端个别极大值或极小值的影响，对于数据不服从正态分布或分布的一端或两端无确切数值时，采用中位数 $\tilde{x}$ 和标准化四分位数间距 $NIQR$ 分别作为均值 μ 和标准差 σ 的估计值可以取得更加稳定的效果。

稳健 Z 比分数由式（2-14）计算：

$$Z_{(稳)} = \frac{x - \tilde{x}}{NIQR} \tag{2-14}$$

当某一个检测结果 $x_{(i)}$ 所具有的 Z 绝对值大于等于 3（即 $|Z| \geqslant 3$）时，该值即被定义为超差值。对应于正态分布，$|Z| \geqslant 3$ 的置信概率是 99.73%，一旦出现则 $x_{(i)}$ 属于异常值；$2 < |Z| < 3$ 的置信概率在 95% ~ 99%，一旦出现则 $x_{(i)}$ 属于可疑数据，应分析原因后采取相应的措施；$|Z| \leqslant 2$ 表明数据可以接受。

2.3.3 异常值的处理原则

上面分别介绍了正态样本异常值的格拉布斯检验法和狄克逊检验法。对于检出的异常值如何进行处理，下面提出几个要点：

（1）一组数据，经格拉布斯检验法及狄克逊检验法检验后，认为是异常值的数据，首先要从技术上查明原因。若从技术上查明了原因（如确认抄错、算错数据等），则将此异常值剔除。若不能从技术上查明原因，则保留异常值，剔除高度异常值。

（2）对于一组试验数据，格拉布斯检验和狄克逊检验都必须分别独立地进行，两种检验结果分别记录在册。格拉布斯检验只进行一次。两种检验结论不一定相同，如果只发现一个异常值，取格拉布斯检验所得的结论；如果发现有多个异常值，则取狄克逊检验所得的结论。

（3）当样本分布的正态性假设不够充分时，有可能导致数据被连续剔除。因此，当出现连续剔除的情况时，对数据的剔除要特别慎重。

[例2-12]　某次试验，6 个试样的重复试验结果如下：18.5，17.5，17.2，17.5，17.2，17.3。试检查并剔除异常值。

解：（1）用格拉布斯检验法

①计算平均值和标准差

$$\overline{x} = \frac{1}{n} \sum_{i=1}^{n} x_i = (18.5 + 17.5 + \cdots + 17.3)/6 = 17.53$$

$$s = \sqrt{\frac{1}{n-1} \sum_{i=1}^{n} (x_i - \overline{x})^2} = \sqrt{\frac{1}{6-1} \times \left[\begin{matrix} (18.5 - 17.53)^2 + (17.5 - 17.53)^2 + \cdots + \\ (17.3 - 17.53)^2 \end{matrix} \right]} = 0.4926$$

②将数据按从小到大的顺序排列为：$17.2 \leqslant 17.2 \leqslant 17.3 \leqslant 17.5 \leqslant 17.5 \leqslant 18.5$。

③计算统计量

$$G_n = \frac{x_{(n)} - \overline{x}}{s} = \frac{18.5 - 17.53}{0.4926} = 1.9691 \text{ 和 } G_n = \frac{\overline{x} - x_{(1)}}{s} = \frac{17.53 - 17.2}{0.4926} = 0.6699$$

取 $G_n = 1.9691$

④判断。查格拉布斯检验临界值表，$n = 6$ 时，$G_{0.05}(6) = 1.887$，$G_{0.01}(6) = 1.973$。

因为 $G_{0.05}(6) = 1.887 < G_n = 1.9691 < G_{0.05}(6) = 1.973$，所以对应的 $x_{(n)} = 18.5$ 为异常值，但不是高度异常值。

（2）用狄克逊检验法

①将数据按从小到大顺序排列为：$17.2 \leqslant 17.2 \leqslant 17.3 \leqslant 17.5 \leqslant 17.5 \leqslant 18.5$。

②计算统计量 D。因为 $n = 6$，故用 D_{10}：

$$D_{10} = \frac{x_{(2)} - x_{(1)}}{x_{(n)} - x_{(1)}} = \frac{17.2 - 17.2}{18.5 - 17.2} = 0 \text{ 和 } D_{10} = \frac{x_{(n)} - x_{(n-1)}}{x_{(n)} - x_{(1)}} = \frac{18.5 - 17.5}{18.5 - 17.2} = 0.7692$$

取 $D_{10} = 0.7692$

③判断。查狄克逊检验临界值表，$n = 6$ 时 $D_{0.05}(6) = 0.628$，$D_{0.01}(6) = 0.740$。

因为，$D_{10} = 0.7692 > D_{0.01}(6) = 0.740$，所以对应的 $x_{(n)} = 18.5$ 为高度异常值。

④剔除高度异常值 18.5 后，对余下的 5 个数据继续进行狄克逊检验，结果未能继续检出异常值。

（3）异常值的处理

此组数据，经格拉布斯检验认为 18.5 为异常值，但不是高度异常值；经狄克逊检验认为 18.5 为高度异常值，但余下的数据不能继续检出异常值。

因为从技术上未能查出产生异常值的原因，因此，根据格拉布斯检验法结果，应保留异常值 18.5；但因为只发现一个异常值，所以取格拉布斯检验法的结论，即保留异常值 18.5。

2.4 系统误差和随机误差的检查与处理

2.4.1 系统误差的发现与修正

为消除系统误差对试验结果的影响，同样也可以采用事先防范和事后把关的办法。

事先防范包括：在试验工作中要求仪器进行定期检定，要限定试验环境条件，每次使用仪器时，要对仪器的零点和满度进行校准等，这些都可以避免由其而引起的系统误差。另外，根据可能引起系统误差的因素，对试验方法或试验步骤进行周密的安排，以便消除或降低系统误差对试验结果的影响。如为避免产生固定系统误差，可以用检定修正法、替代法、异号法、交换法等；对线性系统误差，可以用对称测量法；对周期系统误差，可以用半周期偶数测量法等。有关这方面的试验设计技巧请参考有关书籍，这里从略。对于从事质检工作的同志来说，往往是根据有关试验方法标准进行检验，在试验工作中都按标准规定的程序进行，较少涉及试验设计问题。所以，更多地要考虑试验结果是否存在系统误差的问题。

事后把关，就是首先要检查和发现是否存在系统误差。当存在系统误差时，根据系统误差的不同性质，采用不同的办法给予处理。

系统误差可分为已定系统误差和未定系统误差两种。已定系统误差一般是固定不变的系统误差或按某种规律变化着的系统误差。

固定不变的系统误差是指每个试验数据中都包含着一个固定的偏差。因此，其平均值也包含着这个偏差。于是，只要在平均值中减去这个偏差，即可消除此系统误差。

对于按某种规律变化着的系统误差，因为其变化规律已经知道，因此也可以消除它的影响。

总之，已定系统误差是可以消除的。但不是所有的系统误差都是可以消除的。由于人们认识水平的限制，对于产生系统误差的某种原因或对系统误差的变化规律尚不了解时，此时产生的系统误差是未定系统误差。未定系统误差是不能消除的。由于未定系统误差未被了解，所以未定系统误差往往被包含在随机误差中加以处理。

检验是否存在系统误差的方法是多种多样的，如方差分析法、t-检验法、再现性检验、实验室偏倚的估计等。这些方法在试验方法精密度和应用数理统计中将进一步介绍，但对于质检工作来说，最简单易行，也是最常用的方法就是在检

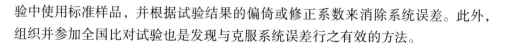

验中使用标准样品，并根据试验结果的偏倚或修正系数来消除系统误差。此外，组织并参加全国比对试验也是发现与克服系统误差行之有效的方法。

2.4.2　精密度检查

试验数据剔除了异常值，系统误差经过修正后，最后还得进行精密度检查。精密度检查是检查试验结果的随机误差是否在允许的范围内。

试验的随机误差是不可避免的，但人们可以通过多种途径来降低试验结果的随机误差。降低随机误差的主要途径有以下几种：一是要保持试验条件的相对稳定，如温度不要忽高忽低，相对湿度不要忽大忽小等。二是试验人员要苦练基本功，使自己的操作手法稳定。三是抽样要有代表性，抽取的样品应该是简单随机样本，而且要有足够的样本量。四是样品要充分混和。五是对试验结果要进行精密度检查，使试验的随机误差在允许的范围内。六是增加重复试验次数，因为 n 次重复试验结果，平均值的标准差是单次试验的标准差的 $1/\sqrt{n}$ 倍。七是采用更加精密的，即精度更高的仪器设备或试验方法。

2.5　测量仪器的误差和偏差

在测量中，经常要用到测量仪器或实物量具。测量仪器定义为："单独地或连同辅助设备一起用以进行测量的器具。"而实物量具的定义为："使用时以固定形态复现或提供给定量的一个或多个已知值的器具。"

经常用来描述测量仪器或实物量具所提供量值准确程度的主要术语是误差、偏差和修正值。它们的定义分别为：

误差——测量结果减去被测量的真值。

偏差——一个值减去其参考值。

修正值——用代数方法与未修正测量结果相加，以补偿其系统误差的值。

2.5.1　实物量具

实物量具的参考值即是其标称值，因此实物量具的偏差就是量具的实际值相对于参考值（即标称值）的偏离。故有

偏差 = 实际值 - 参考值 = 实际值 - 标称值

实物量具的未修正测量结果即是其示值（标称值），实际值即为补偿系统误差后的值，因此，实物量具的修正值可以表示为

修正值 = 实际值 - 示值 = 实际值 - 标称值

实物量具的示值误差等于量具的示值与真值之差。示值即是标称值，真值即

是实际值，于是实物量具的误差可以表示为

$$误差 = 示值 - 真值 = 标称值 - 实际值$$

于是可得三者之间的关系为

$$误差 = - 偏差$$

$$误差 = - 修正值$$

$$偏差 = 修正值$$

例如，标称长度 50mm 的量块，其实际长度为 50.002mm。即

$$实际值 = 真值 = 50.002mm$$

$$标称值 = 示值 = 50mm$$

于是

$$误差 = 示值 - 真值 = 标称值 - 实际值 = -2\mu m$$

$$偏差 = 实际值 - 参考值 = 实际值 - 标称值 = 2\mu m$$

$$修正值 = 实际值 - 示值 = 实际值 - 标称值 = 2\mu m$$

2.5.2 测量仪器

测量仪器的参考值即是其示值，因此测量仪器的偏差就是实际值相对于示值的偏离。

故有

$$偏差 = 实际值 - 参考值 = 实际值 - 示值$$

测量仪器的未修正测量结果即是其示值，真值即是补偿系统误差后的值，因此，测量仪器的修正值可以表示为

$$修正值 = 真值 - 示值 = 实际值 - 示值$$

测量仪器的示值误差等于示值与真值之差，因此

$$误差 = 示值 - 真值 = 示值 - 实际值$$

于是同样可得三者之间的关系为

$$误差 = - 偏差$$

$$误差 = - 修正值$$

$$偏差 = 修正值$$

例如，校准电压表时，接入标准的 100V 参考电压，从电压表上得到读数为 100.02V，于是

$$标称值 = 示值 = 100.02V$$

$$实际值 = 真值 = 100V$$

故有

$$误差 = 示值 - 实际值 = 0.02V$$

$$偏差 = 实际值 - 参考值 = 实际值 - 示值 = -0.02V$$

$$修正值 = 实际值 - 示值 = -0.02V$$

表 2-1 给出了量具和测量仪器的误差、偏差和修正值之间的相互关系。

表 2-1　量具和测量仪器的误差、偏差和修正值之间的相互关系

	量具	测量仪器
测量结果	标称值	示值
真值	实际值	实际值
参考值	标称值	示值
误差 = 测量结果 - 真值	误差 = 标称值 - 实际值	误差 = 示值 - 实际值
偏差 = 实际值 - 参考值	偏差 = 实际值 - 标称值	偏差 = 实际值 - 示值
修正值 = 真值 - 测量结果	修正值 = 实际值 - 标称值	修正值 = 实际值 - 示值
结论	误差 = - 偏差 误差 = - 修正值 偏差 = 修正值	

2.6　有效数字与数值修约规则

因为试验结果总是带有误差，所以在试验结果的最后表示中，末位要与误差看齐，数字位数不宜多也不宜少。于是，在数值运算中，总要遇到数值的舍入问题。在此，我们结合《数值修约规则》（GB/T 8170），对有效数字与数值修约规则做些介绍。

2.6.1　有效数字

1. 定义

对任一物理量的测量，其准确度都是有一定限度的。例如，读取纤维手扯长度，得到 25.2mm、28.3mm、29.7mm 等，在这些三位数字中，前两位数字都是准确的，而第三位数字因为纤维尺没有刻度是估读出来的，因此是不准确的，带有误差的值，称为可疑数字。但可疑数字并不是臆造的，估读时，其最大误差不会超过最小分度值的 0.5 个单位。对于手扯长度来说是 0.5mm（分度值为 1mm 时）或 0.25mm（分度值为 0.5mm 时），因此，记录时需要保留它，这三位数字都是有效的。有效数字中，只有最后一位或二位数字是不确定的，其他数字都是确定的数字。

GB/T 8170 对有效位数是这样定义的："对没有小数且以若干个零结尾的数

值，从非零数字最左一位向右数得到的位数减去无效零（即仅为定位用的零）的个数；对其他十进位数，从非零数字最左一位向右数而得到的位数，就是有效位数"。

如 36000，没有小数位，如有两个无效零，有效位数为三位，应写作 360×10^2；如有三个无效零，则有效位数为两位，写作 36×10^3。

又如：2.0009（从非零数字向右数，5 位）   34292   五位有效数字

0.2000（从非零数字向右数，4 位）   20.98%   四位有效数字

0.0493（从非零数字向右数，3 位） 3.97×10^{-4} 三位有效数字

0.0050（从非零数字向右数，2 位）   64   两位有效数字

0.06（从非零数字向右数，1 位） 3×10^5 一位有效数字

可以看出，0 起的作用是不同的，它可能是有效数字，也可能不是有效数字。例如，在 2.0009 中，0 是有效数字，在 0.0493 中，0 只起定位作用，不是有效数字，因为这些 0 只与所取单位有关，而与测量的精度无关，如果将单位缩小 100 倍，则 0.0493 就变成了 4.93。在 0.0050 中，5 前面的 0 不是有效数字，5 后面的 0 是有效数字。

2. 试验结果表达方法

（1）误差界限表达法

试验结果有多种表达方法。一种是误差界限表达法，即写出试验结果和误差界限，其中误差保留 1～2 位数字，并让试验结果最后一位与误差位看齐。如测量结果 $y = (1.997902 \pm 0.000009) \times 10^5 \mathrm{m/s}$。其中，误差 $\Delta y = 0.000009 \times 10^5 \mathrm{m/s}$，这里误差取一位数字。

误差究竟保留 1 位还是 2 位，可按这样的方法处理：以误差的末位为单位，将误差表示成（5～50）的范围内。如 $y = 1.032162$，$\Delta y = 0.004836$。此时误差取 2 位（48）在（5～50）范围内，故取 $\Delta y = 0.0048$，结果表示为 $y = 1.0322 \pm 0.0048$。上例中，若误差为 $\Delta y = 0.005836$，此时误差若取 2 位（58）不在（5～50）范围内，而取 1 位（6）在（5～50）范围内，因此，此时取误差 $\Delta y = 0.006$，结果表示为 $y = 1.032 \pm 0.006$。

（2）确定修约位数表达法

试验结果的另一种表达方法是确定修约位数的表达方法。许多试验方法标准都规定了修约位数，如《原料乳中三聚氰胺快速检测—液相色谱法》（GB/T 22400—2008）规定："通常情况下计算结果保留 3 位有效数字；结果在 0.1～1.0mg/kg 时，保留 2 位有效数字；结果小于 0.1mg/kg 时，保留 1 位有效数字。"

"保留一位小数""修约到一位小数"意即整数位是准确的，小数位是带有误差的。而精确到一位小数，意即一位小数位的数据是精确的，试验结果的误差

≤0.05 单位量，为此测试技术、数值运算都要予以保证。

2.6.2 数值修约规则

因为试验结果要用有效数字表示，末位要与误差位对齐。因此，在处理数据运算过程中以及最后结果的取舍中，都会遇到数值修约问题。所谓数值修约就是舍弃多余数字的过程。

1. 修约间隔

进行数值修约，首先要确定修约间隔。修约间隔是修约保留位数的一种方式。修约间距的数值一经确定，修约值将是该数值的整数倍。

如 0.1 的修约间隔将结果修约到一位小数，是 0.1 的整数倍；修约间隔取 1、100、1000 等则将结果修约到整数、10^2、10^3 倍等。如 125538.63 按 0.1、1、100、1000 间隔修约后，分别为 125538.6、125539、1255×10^2、126×10^3。

修约到 n 位小数，修约间隔为 10^{-n}（n 为正整数）。

修约到个数位，修约间隔为 1。

修约到"十""百""千"数位，修约间隔为 10^n（n 为正整数）。

修约间隔还有取 0.2 单位、0.5 单位的。0.2 单位修约为修约到指定数位的 0.2 单位。0.5 单位修约（半个单位修约）为修约到指定数位的 0.5 单位。

2. 数字的舍入规则

数字舍入规则可概括为"四舍六入五成双"的原则，具体方法为：

（1）拟舍弃的数字中最左一位小于5，则舍去，保留的各位数不变；

（2）拟舍弃的数字中最左一位大于等于5，若5后面跟有并非全部为0的数字，则进1，保留数字的末尾数加1；

（3）拟舍弃的数字中最左一位等于5，若5后面的数字全部为0或无数字，则保留的末尾数字为奇数则进1，为偶数则舍弃。

（4）负数的修约，先将它的绝对值按上述方法进行修约，然后在修约值前面加负号。

上述规则可用口诀来记忆：四舍六入五考虑，五后非零则进一，五后为零看五前，五前为偶则不进，五前为奇则进一。

（5）拟修约数字应在确定修约位数后一次修约获得结果，而不要分步连续修约。

例如，将 2.5491 修约到二位有效数字。正确的做法是 2.5491→2.5；不正确的做法是 2.5491→2.55→2.6。

3. 0.2 单位修约和 0.5 单位修约

0.2 单位修约的方法是先将拟修约数值乘以5，按上述方法修约后，再除以

5。0.5 单位修约的方法是先将拟修约数值乘以 2，按上述方法修约后，再除以 2。

2.6.3 有效数字运算规则

有效数字末位是带有误差的，是可疑数字。在几个有效数字的联合运算中，为了既不大量积累误差，又能提高运算速度，可运用以下有效数字运算规则。

1. 加减运算

几个有效数字作加减运算时，在各数中，以小数位数最少的为准，其余各数都修约成比该数多一位小数参加运算，它们的和与差修约到与小数点后位数最少的数字相同。

[**例 2-13**]　按数值修约规则要求，计算 0.0121 + 25.64 + 1.05872 的结果。

解：上式中，小数位最小的是 25.64，2 位小数，其他各数取 3 位小数进行计算。可以按竖式写成：

$$
\begin{array}{r}
0.012 \\
25.64 \\
+\ 1.059 \\
\hline
26.711
\end{array}
$$

将计算结果修约后取 26.71，即 0.0121 + 25.64 + 1.05872 = 26.71。与三个和数中小数点后位数最少的 25.64 末位对齐。

2. 乘除运算

当几个数作乘除运算时，以其中有效数字位数最少的数为准，其余各数都比它多保留一位数字进行运算，最后结果的有效数字位数与其中有效数字位数最少的数相同或多保留一位（当首位有进位时）。

[**例 2-14**]　按数值修约规则要求计算 (603.21 × 0.32) ÷ 4.011 的结果。

解：各数中以 0.32 的有效数字位数最少，只有 2 位，其余数据都取 3 位进行运算，即

$$\frac{603 \times 0.32}{4.01} = 48$$

虽然，利用以上运算规则可以提高运算速度，但现在计算器的运用已十分普遍，利用这些规则的好处已不明显。因此，为了保证最后结果的精度不会由于计算过程而损失，所有参加运算的常数、系数和中间运算数据，应尽可能多取几位，只是最后结果有效数字的位数要参照上述规则确定，舍弃多余的数字。

2.7　提高测试技术水平的几种途径

质量检验工作离不开对产品质量的各项性能进行检测。对检测工作的基本要求一是要准，二是要快。所谓准，就是要求测试结果与被测量的客观真值的一致性要好，即准确度要好。它一方面要求测试结果中的系统误差要小，正确度高；另一方面要求测试的随机误差要小，精密度高，重复性好。

尽管测试技术受到科学技术发展水平及人们认识能力的限制，也由于测试结果不可避免地存在着误差，因此，人们不能苛求测试结果要与真值完全一致，但要求测试误差限制在一定的范围内。否则，错误的测试结果远不如空白结果，因为空白结果可以提醒人们对必要的数据安排检测，而以错误的结果指导生产、流通和消费必然造成失误。因此，确保测试结果的准确是对检测工作的基本要求。

测试结果是用于指导产品的生产、流通和消费的，因此它要有超前性，赶不上实际工作的需要是不行的。因为产品的生产，从原料的采购、原料的准备、工艺参数的确定、生产过程中的质量控制，以及产品的出厂检验、交易中的验收检验、公证检验、复验仲裁等，时效性都很强。为此，要满足实际工作的需要，自然要求测试速度要快。

要使测试结果又准又快，唯一的办法就是要提高测试技术水平，要依靠科技进步。那么，提高测试技术水平，究竟有哪些途径呢？从测试技术发展的历史轨迹和误差理论的角度考虑，从实验室建设的实际经验考虑，提高测试技术水平的途径大致有以下几种。

1. 检测仪器的研制与改进

"工欲善其事，必先利其器"，这是人们经验的总结。同样，要提高测试技术水平，最根本的办法是不断研制、开发新的检测仪器设备。当然，在研制开发新的检验仪器设备中，首先是解决有与无的问题，然后才是考虑优与劣的问题。

在对仪器优劣的评价问题上，也是有其客观标准的，这主要从以下几个方面进行综合评估：一是原理正确；二是测试结果准确，而且重复性好；三是测试速度快；四是操作方便；五是维护简单；六是测试指标全面；七是价格低廉，即性价比高；八是安全可靠。此外还有结构合理、外形美观等。正是这样的高标准、严要求，不断地促进检验仪器设备的更新和换代，使测试技术水平不断提高。尤其应该指出的是，在提高测试精度方面，高精度的检测仪器的研制与使用往往是具有决定性的意义。

2. 试验方法的研究与完善

测试方法往往可分为直接测量与间接测量两类。比如，用卡尺测量工件的长度，用天平称量物体的质量，用秒表测量时间等，都可认为是直接测量法。直接测量法原理比较直观、可靠，方法比较经典。但很多性能指标若用直接测量法，或者不便于测量，或者测量误差较大，或者试验次数要很多，工作效率很低，所以更多地采用间接测量法。

所谓间接测量法是指通过测试与被测量有关的参数，利用物理或化学的理论关系或经验公式，计算出被测量的结果。间接测量法一般具有快速的特点。而且，若原理正确，间接测量法比起直接测量法往往具有更高的准确度。因此，试验方法研究的重点是研究一些新的、间接测量的方法。一旦一种新的试验方法研究成功，不仅增加了一种新的测试手段，而且往往可以使测试技术水平提高一步。正因为人们致力于这样的研究，形成了同一个性能指标的测试有多种不同的试验方法。

3. 严格计量检定与管理

除感官检验外，要测试产品的各项性能指标，都离不开使用有关计量器具与设备。所谓测量实际上就是将被测量与某选定的标准量进行比较的过程。这被选定的标准量是由计量器具提供的。因此，如果计量器具本身不准确，测量的结果必然有误。如天平的砝码偏小，称量的结果必然偏大。总之，计量器具量值不准的话，测试结果会产生系统误差。

另外，如果计量器具的工作状态不良，也会加大测试结果的随机误差。如某天平的刀口状态不良，该天平的精度必然下降，测试结果的随机误差就较大。

因此，要提高测试技术水平，首先必须保证所使用的计量器具及设备的工作状态要好，示值要准确。这是试验工作首先要保证的客观物质基础。这一基础不保证可靠，其他的努力都将是徒劳的。为保证测试结果的准确，测试中所使用的计量器具及有关设备必须进行计量检定，检定合格的才能使用，检定不合格的不允许使用。

计量检定还不能一检定终身。因为检定合格的计量器具，使用一定时间后，其性能又会发生变化，还必须重新检定。所以，计量器具都有一定的检定周期。使用中的计量器具必须在检定周期内重新检定，不许延期服役。

必须注意的是，检定合格的计量器具，在使用中还必须按操作规程操作，如需要调水平的，必须调好水平；需要校零点及满度的，必须校零点及满度。此外，计量器具的使用环境也必须达到一定的要求。只有这样，仪器的量值才能准确。

4. 严格执行试验方法标准

所谓标准就是对重复性的事物和概念所做的统一规定。它以科学、技术和实践经验的综合成果为基础，经有关方面协商一致，由主管机构批准，以特定形式发布，作为共同遵守的准则和依据，试验方法标准就是对试验所采用的方法和步骤等做出统一的规定，作为大家共同遵守的准则，使大家的试验结果能够一致。只有严格遵守这些统一的规定，才能使自己的试验结果有可能准确。

要严格执行试验方法标准，首先要正确理解标准。一个新的试验方法标准，往往要采用一些新的技术，牵涉到一些新的知识。因此，每个试验员应认真学习领会。我们召开标准宣贯会，编写宣贯材料，也是为了让大家能正确理解标准，认真贯彻标准。

新的试验方法标准发布后，要能正确执行它，还必须通过反复实践，这样才能够正确掌握它。因为方法标准是用以指导实践的，仅仅理解了，不通过实践是不可能掌握并执行的。所以应该在实践上狠下功夫。

每个试验方法标准，往往都对容易引起试验误差的主要因素，作了一些限制性规定。要理解和掌握试验方法标准，要特别注重这些规定。这样才能使测试结果准确。

5. 重视试验人员的培训

人员误差是试验误差的重要来源。特别是自动化程度低，手工操作环节多，对操作技术要求比较高的试验方法，人员的操作误差在试验结果的总误差成分中占有相当的比重。所以，要提高测试技术水平，必须十分重视对试验人员的培训工作。

特别是对于感官检验，检验结果不仅与检验人员的技术水平有关，有时还会受到检验人员感情因素的影响，因此要采取一些有效的措施予以避免，如采用密码检验等，同时要加强对检验人员的职业道德教育。

一个试验人员测试技术水平的高低，与他本身的知识水平和操作技能密切相关。因此，在人员培训工作中，首先要加强必要的基础理论的学习。除了学习专业课程外，还应该了解标准化、计量、质量基础知识，法律法规知识，电工与电子技术基础，微机操作，试验误差与数据处理等方面的知识。其次，要加强技能的培训。要进行操作手法的训练，熟练地掌握一些基本的操作技术、如抽样技术、样品制备技术，仪器调试与操作技术等。对操作技术不仅要熟练，而且要达到手法稳定。最后，在人员培训方面，还要进行有关实验室规章制度的学习，加强职业教育，提倡敬业精神和提高职业道德水准。

为了保证试验人员的检测质量，实验室必须加强对试验人员的考核，试验人员必须持证上岗。

6. 加强实验室建设，推行实验室认可制度

一个实验室测试技术水平的高低，除了仪器设备、环境条件和人员素质有很大影响外，必须加强实验室建设，推行实验室认可制度。

为加强实验室建设，《检测和校准实验室能力认可准则》（CNAS-RL01：2018）根据《检测和校准实验室能力的通用要求》（IS/IEC 17025：2017），对实验室建设提出了全面的要求。一个实验室，要求有质量手册、质量体系程序文件和作业指导书。因为实验室本身也有质量保证问题，只有对实验室工作的全过程进行严格的质量管理，才能保证检验工作的质量。计量认证以及实验室评审的实践经验证明，许多实验室往往不是在硬件上而是在软件上，在管理上存在问题，加强管理显得十分重要。

7. 使用标准样品校准试验结果

使用标准样品，不仅可以发现一个试验员或实验室的测试结果是否存在系统误差，而且可以使其试验结果校准到标准的水平上。

使用标准样品可以校准试验结果，因此为了保证试验结果的正确，标准样品在各个行业被广泛地使用。

8. 组织全国比对试验

组织全国比对试验也是提高测试技术水平的一条重要途径。通过参加比对试验，各实验室可以检查自己的测试结果是否准确，是否与全国其他实验室的测试结果一致。这将有力地促进实验室测试技术水平的提高。

第3章 关于测量不确定度的基本概念

测量的目的是为了得到测量结果，但在许多场合下仅给出测量结果往往还不充分。任何测量都存在缺陷，所有的测量结果都会或多或少地偏离被测量的真值，因此在给出测量结果的同时，还必须同时指出所给测量结果的可靠程度。在各种测量领域，人们经常使用一些术语来表示测量结果质量的好坏，例如：测量误差、测量准确度和测量不确定度等。在测量不确定度评定中，我们还经常使用许多其他有明确定义的术语，本章将从这些术语的定义出发来解释其含义，并阐明测量不确定度及其评定的基本概念。

3.1 有关术语的定义

本节给出在本书中所采用的有关术语的定义，这些定义都是在各种国内或国际文件中明确给出的，未标明出处的术语均取自于《通用计量术语及定义》（JJF 1001—2011），源于其他文件的术语则给出其出处。

1. 被测量　measurand

拟测量的量。

测量的第一步是规定被测量，确定要测的是什么量。对被测量不能仅用一个值来说明，还应对此量进行描述。然而，原则上说，没有无穷多信息量，被测量就不可能被完全地描述。因而，就留出解释余地来说，被测量定义的不完全在测量结果的不确定度中引入了一个不确定度分量，该分量相对于测量所要求的准确度而言可能很大也可能不大。

被测量定义的详细程度是随所要求的测量准确度而定的。被测量应相应于所需准确度而完整定义，以便对与测量有关的所有的实际用途来说，其值是单一的。理想情况下，测量所实现的量应与被测量的定义完全一致。然而在通常情况下，这样的量是不可能实现的，测量是在被测量的近似量上实施的。

注：

（1）对被测量的说明要求了解量的种类，以及含有该量的现象、物体或物质状态的描述，包括有关成分及化学实体。

（2）在 VIM 第二版和 IEC60050-300：2001 中，被测量定义为受到测量的量。

（3）测量包括测量系统和实施测量的条件，它可能会改变研究中的现象、物体物质，使被测量的量可能不同于定义的被测量。在这种情况下，需要进行必要的修正。

例：

①用内阻不够大的电压表测量时，电池两墙间的电位差会降低，开路电位差可根据电池和电压表的内阻计算得到。

②钢棒在与环境温度23℃平衡时的长度不同于拟测量的规定温度为20℃时的长度，这种情况下必须修正。

③在化学中，"分析物"或者物质或化合物的名称有时被称作"被测量"。这种用法是错误的，因为这些术语并不涉及量。

2. 测量结果　measurement result，result of measurement

与其他有用的相关信息一起赋予被测量的一组量值。

（1）测量结果通常包含这组量值的"相关信息"，诸如某些可以比其他方式更能代表被测量的信息。它可以概率密度函数（PDF）的方式表示。

（2）测量结果通常表示为单个测得的量值和一个测量不确定度。对某些用途，如果认为测量不确定度可忽略不计，则测量结果可表示为单个测得的量值。在许多领域中这是表示测量结果的常用方式。

（3）在传统文献和1993版VIM中，测量结果定义为赋予被测量的值，并按情况解释为平均示值、未修正的结果或已修正的结果。

3. 测得的量值　measured quantity value

又称量的测得值 measured value of quantity，简称测得值 measured value

代表测量结果的量值。

注：

（1）对重复示值的测量，每个示值可提供相应的测得值。用这一组独立的测得值可计算出作为结果的测得值，如平均值或中位值，通常它附有一个已减小了的与其相关联的测量不确定度。

（2）当认为代表被测量的真值范围与测量不确定度相比小得多时，量的测得值可认为是实际唯一真值的估计值，通常是通过重复测量获得的各独立测得值的平均值或中位值。

（3）当认为代表被测量的真值范围与测量不确定度相比不太小时，被测量的测得值通常是一组真值的平均值或中位值的估计值。

（4）在测量不确定度指南（GUM）中，对测得的量值使用的术语有"测量结果"和"被测量的值的估计"或"被测量的估计值"。

4. 测量精密度　measurement precision

简称精密度 precision

在规定条件下，对同一或类似被测对象重复测量所得示值或测得值间的一致程度。

注：

（1）测量精密度通常用不精密程度以数字形式表示，如在规定测量条件下的标准偏差、方差或变差系数。

（2）规定条件可以是重复性测量条件、期间精密度测量条件或复现性测量条件。

（3）测量精密度用于定义测量重复性、期间测量精密度或测量复现性。

（4）术语"测量精密度"有时用于指"测量准确度"，这是错误的。

5. 测量重复性　measurement repeatability

简称重复性　repeatability

在一组重复性测量条件下的测量精密度。

6. 重复性测量条件　measurement repeatability condition of measurement

简称重复性条件　repeatability condition

相同测量程序、相同操作者、相同测量系统、相同操作条件和相同地点，并在短时间内对同一或相类似被测对象重复测量的一组测量条件。

注：在化学中，术语"序列内精密度测量条件"有时用于指"重复性测量条件"。

7. 测量复现性　measurement reproducibility

简称复现性　reproducibility

在复现性测量条件下的测量精密度。

8. 复现性测量条件　measurement reproducibility condition of measurement

简称复现性条件　reproducibility condition

不同地点、不同操作者、不同测量系统，对同一或相类似被测对象重复测量的一组测量条件。

注：

（1）不同的测量系统可采用不同的测量程序。

（2）在给出复现性时应说明改变和未变的条件及实际改变到什么程度。

9. 期间精密度测量条件　intermediate precision condition of measurement

简称期间精密度条件　intermediate precision condition

除了相同测量程序、相同地点，以及在一个较长时间内对同一或相类似的被测对象测量的一组测量条件外，还可包括涉及改变的其他条件。

注：

（1）改变可包括新的校准、测量标准器、操作者和测量系统。

（2）对条件的说明应包括改变和未变的条件以及实际改变到什么程度。

（3）在化学中，术语"序列间精密度测量条件"有时用于指"期间精密度测量条件"。

10. 实验标准偏差　experimental standard deviation

简称实验标准差　experimental standard deviation

对同一被测量进行 n 次测量，表征测量结果分散性的量。用符号 s 表示。

注：

（1）n 次测量中某单个测得值 x_k 的实验标准偏差 $s(x_k)$ 可按贝塞尔公式计算：

$$s(x_k) = \sqrt{\frac{\sum_{i=1}^{n}(x_i - \overline{x})^2}{n-1}} \tag{3-1}$$

式中　x_i——第 i 次测量的测得值；

$\overline{x}$——n 次测量所得一组测得值的算术平均值；

n——测量次数。

（2）n 次测量的算术平均值 $\overline{x}$ 的实验标准偏差 $s(\overline{x})$ 为：

$$s(\overline{x}) = s(x_k)/\sqrt{n} \tag{3-2}$$

11. 测量误差　measurement error, error of measurement

简称误差　error

测得的量值减去参考量值。

注：

（1）测量误差的概念在以下两种情况下均可使用：

①当涉及存在单个参考量值，如用测得值的测量不确定度可忽略的测量标准进行校准，或约定量值给定时，测量误差是已知的；

②假设被测量使用唯一的真值或范围可忽略的一组真值表征时，测量误差是未知的。

（2）测量误差不应与出现的错误或过失相混淆。

12. 测量不确定度　measurement uncertainty, uncertainty of measurement

简称不确定度　uncertainty

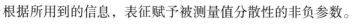

根据所用到的信息，表征赋予被测量值分散性的非负参数。

注：

（1）测量不确定度包括由系统影响引起的分量，如与修正量和测量标准所赋量值有关的分量及定义的不确定度。有时对估计的系统影响未作修正，而是当作不确定度分量处理。

（2）此参数可以是诸如称为标准测量不确定度的标准偏差（或其特定倍数），或是说明了包含概率的区间半宽度。

（3）测量不确定度一般由若干分量组成。其中一些分量可根据一系列测量值的统计分布，按测量不确定度的 A 类评定进行评定，并可用标准偏差表征。而另一些分量则可根据基于经验或其他信息获得的概率密度函数，按测量不确定度的 B 类评定进行评定，也用标准偏差表征。

（4）通常，对于一组给定的信息，测量不确定度是相应于所赋予被测量的值的。该值的改变将导致相应的不确定度的改变。

（5）本定义是按 2008 版 VIM 给出，而在 GUM 中的定义是：表征合理地赋予被测量之值的分散性，与测量结果相联系的参数。

13. 标准不确定度　standard uncertainty

全称标准测量不确定度　standard measurement uncertainty，standard uncertainty of measurement

以标准偏差表示的测量不确定度。

14. 测量不确定度的 A 类评定　type A evaluation of measurement uncertainty

简称 A 类评定　type A evaluation。

对在规定测量条件下测得的量值用统计分析的方法进行的测量不确定度分量的。

注：规定测量条件是指重复性测量条件、期间精密度测量条件或复现性测量条件。

15. 测量不确定度的 B 类评定　type B evaluation of measurement uncertainty

简称 B 类评定　type B evaluation

用不同于测量不确定度 A 类评定的方法对测量不确定度分量进行的评定。

例：评定基于以下信息：

——权威机构发布的量值；

——有证标准物质的量值；

——校准证书；

——仪器的漂移；

——经检定的测量仪器的准确度等级；

——根据人员经验推断的极限值等。

16. 合成标准不确定度 combined standard uncertainty

全称合成标准测量不确定度 combined standard measurement uncertainty

由在一个测量模型中各输入量的标准测量不确定度获得的输出量的标准测量不确定度。

注：在测量模型中的输入量相关的情况下，当计算合成标准不确定度时必须考虑协方差。

17. 相对标准不确定度 relative standard uncertainty

全称相对标准测量不确定度 relative standard measurement uncertainty

标准不确定度除以测得值的绝对值。

18. 扩展不确定度 expanded uncertainty

全称扩展测量不确定度 expanded measurement uncertainty

合成标准不确定度与一个大于1的数字因子的乘积。

注：

（1）该因子取决于测量模型中输出量的概率分布类型及所选取的包含概率。

（2）本定义中术语"因子"是指包含因子。

19. 包含区间 coverage interval

基于可获得的信息确定的包含被测量一组值的区间，被测量值以一定概率落在该区间内。

注：

（1）包含区间不一定以所选的测得值为中心。

（2）不应把包含区间称为置信区间，以避免与统计学概念混淆。

（3）包含区间可由扩展测量不确定度导出。

20. 包含概率 coverage probability

在规定的包含区间内包含被测量的一组值的概率。

注：

（1）为避免与统计学概念混淆，不应把包含概率称为置信水平。

（2）在 GUM 中包含概率又称"置信的水平（level of confidence）"。

（3）包含概率替代了曾经使用过的"置信水准"。

21. 包含因子 coverage factor

为获得扩展不确定度，对合成标准不确定度所乘的大于1的数。

注：包含因子通常用符号 k 表示。

22. 测量模型 measurement model，model of measurement

简称模型 model

测量中涉及的所有已知量间的数学关系。

注：

（1）测量模型的通用形式是方程：$h(Y, X_1, \cdots, X_N) = 0$，其中测量模型中的输出量 Y 是被测量，其量值由测量模型中输入量 $X_1, \cdots, X_N$ 的有关信息推导得到。

（2）在有两个或多个输出量的较复杂情况下，测量模型包含一个以上的方程。

23. 测量函数 measurement function

在测量模型中，由输入量的已知量值计算得到的值是输出量的测得值时，输入量与输出量之间的函数关系。

注：

（1）如果测量模型 $h(Y, X_1, \cdots, X_N) = 0$ 可明确写成 $Y = f(X_1, \cdots, X_N) = 0$，其中 Y 是测量模型中的输出量，则函数 f 是测量函数。更通俗地说，f 是一个算法符号，算出与输入量 $x_1, \cdots, x_N$ 相应的唯一的输出量 $y = f(x_1, \cdots, x_N)$。

（2）测量函数也用于计算测得值 Y 的测量不确定度。

24. 测量模型中的输入量 input quantity in a measurement model

简称输入量 Input quantity

为计算被测量的测得值而必须测量的，或其值可用其他方式获得的量。

例：当被测量是在规定温度下某钢棒的长度时，则实际温度、在实际温度下的长度以及该棒的线热膨胀系数为测量模型中的输入量。

注：

（1）测量模型中的输入量往往是某个测量系统的输出量。

（2）示值、修正值和影响量可以是一个测量模型中的输入量。

25. 测量模型中的输出量 output quantity in a measurement model

简称输出量 output quantity

用测量模型中输入量的值计算得到的测得值的量。

26. 定义的不确定度 definitional uncertainty

由于被测量定义中细节量有限所引起的测量不确定度分量。

注：

（1）定义的不确定度是在任何给定被测量的测量中实际可达到的最小测量不确定度。

（2）所描述细节中的任何改变导致另一个定义的不确定度。

27. 仪器的测量不确定度 instrumental measurement uncertainty

由所用测量仪器或测量系统引起的测量不确定度的分量。

注：

（1）除原级测量标准采用其他方法外，仪器的不确定度通过对测量仪器或测量系统校准得到。

（2）仪器的不确定度通常按 B 类测量不确定度评定。

（3）对仪器的测量不确定度的有关信息可在仪器说明书中给出。

28．零的测量不确定度　null measurement uncertainty

测得值为零时的测量不确定度。

（1）零的测量不确定度与零位或接近零的示值有关，它包含被测量小到不知是否能检测的区间或仅由于噪声引起的测量仪器的示值区间。

（2）零的测量不确定度的概念也适用于当对样品与空白进行测量并获得差值时。

29．不确定度报告　uncertainty budget

对测量不确定度的陈述，包括测量不确定度的分量及其计算和合成。

注：不确定度报告应该包括测量模型、估计值、测量模型中与各个量相关联的测量不确定度、协方差、所用的概率密度分布函数的类型、自由度、测量不确定度的评定类型和包含因子。

30．目标不确定度　target uncertainty

全称目标测量不确定度　target measurement uncertainty

根据测量结果的预期用途，规定作为上限的测量不确定度。

31．自由度　degrees of freedom

在方差的计算中，和的项数减去对和的限制数。

注：

（1）在重复性条件下，用 n 次独立测量确定一个被测量时，所得的样本方差为 $(v_1^2 + v_2^2 + \cdots + v_n^2)/(n-1)$，其中 v_i 为残差：$v_1 = x_1 - \bar{x}$，$v_2 = x_2 - \bar{x}$，$\cdots$，$v_n = x_n - \bar{x}$。和的项数即为残差的个数 n，和的限制数为 1。由此可得自由度 $\nu = n - 1$。

（2）当用测量所得的 n 组数据按最小二乘法拟合的校准曲线确定 t 个被测量时，自由度 $\nu = n - t$。

如果另有 r 个约束条件，则自由度 $\nu = n - t + r$。

（3）自由度反映了相应试验标准偏差的可靠程度。用贝塞尔公式估计试验标准偏差 s 时，s 的相对标准偏差为：$\sigma(s)/s = 1/\sqrt{2\nu}$。若测量次数为 10，则 $\nu = 9$，表明估计的 s 的相对标准偏差约为 0.24，可靠程度达 76%。

（4）合成标准不确定度 $u_c(y)$ 的自由度，称为有效自由度 ν_{eff}，用于在评定扩展不确定度 u_p 时求得包含因子 k_p。

32．协方差　covariance

协方差是两个随机变量相互依赖性的度量，它是两个随机变量各自的误差之积的期望。用符号 $COV\,(X,\ Y)$ 或 $V\,(X,\ Y)$ 表示：

$$V(X,Y) = E\big[(X-\mu_x)(Y-\mu_y)\big] \tag{3-3}$$

注：定义的协方差是在无限多次测量条件下的理想概念。有限次测量时两个随机变量的单个估计值的协方差估计值用 $s\,(x,\ y)$ 表示：

$$s(x,y) = \frac{1}{n-1}\sum_{i=1}^{n}(x_i-\overline{X})(y_i-\overline{Y}) \tag{3-4}$$

式中：

$$\overline{X} = \frac{1}{n}\sum_{i=1}^{n}x_i,\ \overline{Y} = \frac{1}{n}\sum_{i=1}^{n}y_i \tag{3-5}$$

有限次测量时两个随机变量的算术平均值的协方差估计值用 $s(\overline{x},\overline{y})$ 表示：

$$s(\overline{x},\overline{y}) = \frac{1}{n(n-1)}\sum_{i=1}^{n}(x_i-\overline{X})(y_i-\overline{Y}) \tag{3-6}$$

33. 相关系数　correlation coefficient

相关系数是两个随机变量之间相互依赖性的度量，它等于两个变量间的协方差除以各自方差之积的正平方根，用符号 $\rho\,(X,\ Y)$ 表示：

$$\rho(X,Y) = \rho(Y,X) = \frac{V(Y,X)}{\sqrt{V(Y,Y)V(X,X)}} = \frac{V(Y,X)}{\sigma(Y)\sigma(X)} \tag{3-7}$$

注：

(1) 定义的相关系数是在无限多次测量条件下的理想概念。有限次测量时相关系数的估计值用 $r(x,y)$ 表示：

$$r(x,y) = r(y,x) = \frac{s(x,y)}{s(x)s(y)} \tag{3-8}$$

(2) 相关系数是一个 $[-1,\ +1]$ 间的纯数。

(3) 对于多变量概率分布，通常给出相关系数矩阵，该矩阵的主对角线元素为 1。

3.2　测量不确定度的基本概念

测量工作的质量体现为测量结果的准确性，即测量结果与真值的一致程度，由于误差不可避免，被测量的真值无法确定，因此，测量工作的质量不是用准确性来度量，而是用测量不确定度来定量表征。

3.2.1　测量不确定度的定义和意义

1. 测量不确定度的定义

在日常生活的许多方面，当我们估计一件事件的大小时，我们习惯性地会产生疑问。例如，如果有人问，"你认为这个房间的温度是多少？"我们可能会说，"大概摄氏 25 度"。"大概"的使用，意味着我们知道室温不是刚好就是 25 度，但是应在 25 度左右。换句话说，我们认识到，对估计的这个温度的值是有所疑问的。当然，我们可以更具体一点。我们可以说，"25 度上下几度"。"上下"意味着，对这个估计仍有疑问，但对怀疑的程度给出了一个范围。我们对该估计的怀疑，或不确定度，给出了一些定量的信息，如：室温在房间的"真实的"温度的 5 度范围内或室温在 2 度范围内。

不确定度越大，我们就越肯定，它包含了"真"值。因此给定的场合，不确定度与置信的水平有关。我们估计的室温基于主观评价，但这不完全是猜测，因为我们可能有经验，接触到类似的和已知的环境。为了实施更客观的测量，有必要使用某种测量仪器。如，使用一个温度计。即使使用测量仪器，对这个结果仍然会有一些疑问，或不确定度。例如，可以问：

"温度计准吗？"

"怎么读数呢？"

"读数会变吗？"

"手持温度计会使温度上升吗？"

"房间里的相对湿度变化很大，会影响结果吗？"

"测量跟房间中所处的位置有关吗？"

为了量化房间温度测量的不确定度，必须考虑可能影响结果的所有因素，必须对这些影响的可能变化作出估计。

测量不确定度意味着对测量结果有效性的怀疑程度或不肯定程度，是定量说明测量结果质量的一个参数。关于测量不确定度的定义，有以下几种：

《测量不确定度评定与表示》（JF 1059）中对测量不确定度的定义为：表征合理地赋予被测量之值的分散性，与测量结果相联系的参数；

ISO Guide98-3 不确定度表示指南（GUM）中对测量不确定度的定义为：指可疑程度，广义而言指对测量结果的有效性的可疑程度；

Eurolab 技术报告《检测中的测量不确定度》中对测量不确定度的定义为：测量结果的准确度的一个度量指标；

ILAC-G17：2002：检测中的测量不确定度概念的介绍中对测量不确定度的定义为：测量不确定度是一个结果或一种检测方法质量的重要度量；

DIN 1319-1（德国计量基础 第 1 部分 基本术语）中对测量不确定度的定义为：测量获得的参数，与测量结果一起表征被测量真值的值的范围。

由于测量手段不完善和人们对客观事物的认识不足，所得的被测量值具有分散性，即每次测得的结果不是同一值，而是以一定的概率分散在某个区域内的许

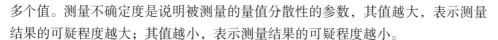

多个值。测量不确定度是说明被测量的量值分散性的参数，其值越大，表示测量结果的可疑程度越大；其值越小，表示测量结果的可疑程度越小。

2. 测量不确定度的意义

当报告物理量的测量结果时，必须对测量结果的质量给出定量的表述，以便使用者能评估其可靠性。如果没有这样的表述，则测量结果之间、测量结果与标准或规范中指定的参考值之间都不可能进行比较。所以必须要有一个便于实现、容易理解和公认的方法来表征测量结果的质量，也就是要评定和表示其不确定度。不确定度的概念和其定量表示的方法都必须满足许多不同测量应用的不同需求。

当对已知的或可疑的误差分量都作了评定，并进行了适当的修正后，即由显著的系统效应引起的所有误差分量，都作了评定并修正，这样的测量结果的修正仍然存在着不确定度，即测量结果是否代表被测量之值，存有可疑。在市场全球化时代，评定和表示不确定度的方法在全世界统一是必然趋势，使不同国家进行的测量可以更容易地相互比较。

3.2.2　测量不确定度的产生原因

导致测量不确定度的原因是多方面的，测量过程中的随机效应和系统效应都会产生不确定度，测量不确定度来源可以归纳为以下几个方面：

（1）对被测量的定义不完整或不完善；

（2）实现被测量的定义的方法不理想；

（3）取样的代表性不够，即被测量的样本不能代表所定义的被测量；

（4）对测量过程受环境影响的认识不周全，或对环境条件的测量与控制不完善；

（5）对模拟仪器的读数存在人为偏移；

（6）测量仪器的分辨力或鉴别力不够；

（7）赋予计量标准的值和参考物质（标准物质）的值不准；

（8）引用于数据计算的常量和其他参量不准；

（9）测量方法和测量程序的近似性和假定性。

3.2.3　测量不确定度的分类

测量不确定度分为标准不确定度、合成标准不确定度和扩展不确定度。

1. 标准不确定度

以标准差表示的测量不确定度称为标准不确定度，常用 u 表示。

对同一个被测量 x，在相同条件下进行 n 次测量，得到一组测量值 $x_1, x_2, \cdots,$

x_n，其样本均值 $\bar{x}$ 和样本标准差 s 由式（3-9）计算：

$$\left.\begin{array}{l} \bar{x} = \dfrac{1}{n} \displaystyle\sum_{i=1}^{n} x_i \\[3mm] s = \sqrt{\dfrac{1}{n-1} \displaystyle\sum_{i=1}^{n} (x_i - \bar{x})^2} \end{array}\right\} \tag{3-9}$$

测量值 $x_1, x_2, \cdots, x_n$ 围绕真值 μ 上下波动，根据随机误差和概率统计理论，样本均值 $\bar{x}$ 是被测量真值 μ 的最佳估计值，测量值的标准不确定度 u 就是 $\bar{x}$ 的标准差 s_x：

$$u = s_x = \frac{s}{\sqrt{n}} = \sqrt{\frac{1}{n(n-1)} \sum_{i=1}^{n} (x_i - \bar{x})^2} \tag{3-10}$$

2. 合成标准不确定度

当测量结果是由 n 个其他量的值求得时，按其他量的方差或协方差算得的标准不确定度，称为合成标准不确定度，常用 u_c 表示。例如，间接测量量的标准不确定度就需要通过合成标准不确定度来表示。

一个未知量，通过一定的函数关系与其他量建立联系，通过其他量的直接测量来求得未知量量值的方法就是间接测量方法。间接测量量可以表示如下：

$$y = f(x_1, x_2, \cdots, x_n) \tag{3-11}$$

式中　y——间接测量量；

　　　x_i——直接测量量，$i = 1, 2, \cdots, n$。

由于直接测量量 x_i 是随机变量，间接测量 y 是随机变量函数，本身也是一个随机变量。将 $y = f(x_1, x_2, \cdots, x_n)$ 在 $(\bar{x}_1, \bar{x}_2, \cdots, \bar{x}_n)$ 处展开成泰勒级数，且舍去二次及二次以上各项，则得：

$$y = f(x_1, x_2, \cdots, x_n) \approx f(\bar{x}_1, \bar{x}_2, \cdots, \bar{x}_n) + \sum_{i=1}^{n} (x_i - \bar{x}) \left. \frac{\partial f}{\partial x_i} \right|_{x_i = x_i} \tag{3-12}$$

显然间接测量 y 的最佳估计值 $\bar{y}$ 可由式（3-13）计算：

$$\bar{y} = f(\bar{x}_1, \bar{x}_2, \cdots, \bar{x}_n) \tag{3-13}$$

间接测量 y 的标准差 s_y 可由式（3-14）计算：

$$s_y = \sqrt{\sum_{i=1}^{n} \left(\frac{\partial f}{\partial x_i} s_i \right)^2 + 2 \sum_{i=1}^{n-1} \sum_{j=i+1}^{n} \frac{\partial f}{\partial x_i} \frac{\partial f}{\partial x_j} \rho_{ij} s_i s_j} \tag{3-14}$$

式中　ρ_{ij}——x_i、x_j 的相关系数。

令 $c_i = \dfrac{\partial f}{\partial x_i}$，$\mu_i = |c_i| s_i$，则：

$$\mu_c = s_y = \sqrt{\sum_{i=1}^{n} \mu_i^2 + 2 \sum_{i=1}^{n-1} \sum_{j=i+1}^{n} \rho_{ij} \mu_i \mu_j} \tag{3-15}$$

式中 μ_c——合成标准不确定度；

$\quad\quad \mu_i$——x_i 的估计值 $\bar{x}_i$ 引起的标准不确定度分量；

$\quad\quad c_i$——的灵敏度系数；

$\quad\quad s_i$——x_i 的估计值 $\bar{x}_i$ 的标准不确定度。

当 $\rho_{ij}=0$ 时，合成标准不确定度可由式（3-16）计算：

$$\mu_c = s_y = \sqrt{\sum_{i=1}^{n} \mu_i^2} \tag{3-16}$$

3. 扩展不确定度

扩展不确定度是由标准不确定度 u 或合成标准不确定度 u_c 的倍数表示的测量不确定度，是用于确定测量结果置信区间的量，常用 U 表示。

根据概率统计理论，当总体 $X \sim N(\mu, \sigma^2)$，标准差 σ 未知时，样本统计量 $T = (\bar{x} - \mu)/(S/\sqrt{n})$ 服从自由度为 $n-1$ 的 t 分布，即

$$P\left[\left|(\bar{x}-\mu)/(S/\sqrt{n})\right| > k_\alpha\right] = P\left[|\bar{x}-\mu| > k_\alpha(S/\sqrt{n})\right] = \alpha \tag{3-17}$$

在置信水平 $1-\alpha$ 时的 $\bar{x}$ 置信区间为 $[\mu - t_{\alpha/2}s_x, \ \mu + t_{\alpha/2}s_x]$，测量值的扩展不确定度 U 就是置信区间半宽度，可由式（3-18）计算：

$$U = t_{\alpha/2}s_x = ks_x \tag{3-18}$$

式中 k——包含因子，与自由度 $n-1$ 和显著性水平 α 有关。

3.3 测量不确定度和测量误差的联系与区别

3.3.1 误差与不确定度的联系

测量误差与测量不确定度都是由相同因素造成的：随机效应和系统效应。

随机效应主要是由未预料到的变化或影响量随时间和空间的变化所致。它引起了被测量重复观测值的变化。这种效应的影响不能借助修正进行补偿，但可通过增加观测次数而减小，其期望值为零。系统效应主要是由固定不变的或按确定规律变化的因素造成的。

由于人类认识的不足，也不能确切知道其数值，因此也无法完全清除。但通常可以减小，系统效应产生的影响有些是可以识别的，有些是未知的。如果已知影响能定量给出，而且其大小对测量所要求的准确度而言有意义的话，则可采用估计的修正值或修正因子对结果加以修正。

由于随机效应和系统效应的存在，使得被测量的真值无法确知，每个测量结果也都具有一定的不可靠性，导致误差和不确定度的产生。

3.3.2 误差与不确定度的区别

测量不确定度与测量误差都是评价测量结果质量高低的重要指标，但两者不只有联系而且有区别，具体如下：

(1) 误差定义为被测量的单个结果和真值之差。所以，误差不仅是一个单个数值，而且是一个理想的概念，不可能被确切地知道。原则上已知误差的数值可以用来修正结果。不确定度是以一个区间的形式表示，如果是为一个分析过程和所规定样品类型做评估时，可适用于其所描述的所有测量值。一般不能用不确定度数值来修正测量结果。

(2) 修正后的分析结果可能非常接近于被测量的数值，因此误差可以忽略。但是，不确定度可能还是很大，因为分析人员对于测量结果的接近程度没有把握。

(3) 测量结果的不确定度并不可以解释为代表了误差本身或经修正后的残余误差。

(4) 通常认为误差含有两个分量，分别称为随机分量和系统分量。

随机误差通常产生于影响量的不可预测的变化。这些随机效应使得被测量的重复观察的结果产生变化。分析结果的随机误差不可消除，但是通常可以通过增加观察的次数加以减少。实际上算术平均值或一系列观察值的平均值的试验标准差不是平均值的随机误差。它是由一些随机效应产生的平均值不确定度的度量。由这些随机效应产生的平均值的随机误差的准确值是不可知的。

系统误差定义为在对于同一被测量的大量分析过程中保持不变或以可以预测的方式变化的误差分量。它是独立于测量次数的，因此不能在相同的测量条件下通过增加分析次数的办法使之减小。

(5) 测量结果的所有已识别的显著的系统影响都应修正。注意测量仪器和系统通常需要使用测量标准或标准物质来调节或校准，以修正系统影响。与这些测量标准或标准物质有关的不确定度及修正过程中存在的不确定度必须加以考虑。

(6) 误差的另一个形式是假误差或过错误差。这种类型的误差使测量无效，它通常由人为失误或仪器失效产生。

(7) 有此类误差的测量是不可接受的，不可将此类误差合成进统计分析中。然而，因数字进位产生的误差可进行修正，特别是当这种误差发生在首位数字时。

(8) 假误差并不总是很明显的。当重复测量的次数足够多时，通常应采用异常值检验的方法检查这组数据中是否存在可疑的数据。所有异常值检验中的阳

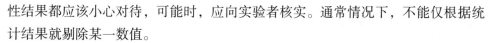

性结果都应该小心对待，可能时，应向实验者核实。通常情况下，不能仅根据统计结果就剔除某一数值。

误差理论是评定不确定度的基础。测量不确定度的评定方法中，有许多地方是从误差理论引申出来的。只有对误差的性质、分布规律、误差的传播等有充分的了解，才能更好地评定测量不确定度的各个分量，正确地算得测量结果的不确定度。

3.4　测量仪器的误差和测量不确定度

3.4.1　测量仪器的误差

测量仪器的性能可以用示值误差和最大允许误差来表示。

测量仪器的示值误差定义为测量仪器的示值与对应输入量的约定真值之差。同型号的不同仪器，它们的示值误差一般是不同的。示值误差必须通过检定或校准才能得到，正因为如此，才需要对每一台仪器进行检定或校准。同时，即使是同一台仪器，对应于测量范围内不同测量点的示值误差也可能是各不相同的。

已知测量仪器的示值误差后，就能对测量结果进行修正，示值误差的反号就是该仪器的修正值。修正后测量结果的不确定度就与修正值的不确定度有关，也就是说，与检定或校准所得到的示值误差的不确定度有关。

与示值误差不同，测量仪器的最大允许误差（MPE）是由各种技术性文件，例如国际标准、国家标准、校准规范、检定规程或仪器说明书等规定的，它是该型号仪器允许误差的极限值，也称为允许误差限。最大允许误差不是通过检定或校准得到的，它是制造厂对该型号仪器所规定的示值误差的允许范围，不是一台仪器实际存在的误差，因此它不能作为修正值使用。

测量仪器的最大允许误差不是测量不确定度，只是给出了仪器示值误差的合格区间，但它可以作为评定测量不确定度的依据。当直接采用仪器的示值作为测量结果时（即不加修正值使用），由测量仪器所引入的不确定度分量可根据该型号仪器的最大允许误差按 B 类评定方法得到。

测量仪器的最大允许误差可从仪器说明书或其他有关技术文件中得到，其数值通常带有"±"号。一般可用绝对误差、相对误差、引用误差或它们的组合形式表示。例如，可以表示为 $\pm 0.1\mu V$，$\pm 1.5\mu m$，$\pm 1\%$，$\pm 1 \times 10^{-6}$ 满量程，$\pm (0.1\% \times 读数 + 0.1ns)$ 等。

3.4.2 测量仪器的不确定度

不确定度是一个与测量结果相联系的参数，也就是说只有测量结果才有不确定度。而测量仪器则没有不确定度，因此尽量不要用"测量仪器的不确定度"这种说法，在 VIM 第二版中也没有对"测量仪器的不确定度"下过定义。

用仪器得到的测量结果具有不确定度，该不确定度虽然和仪器有关，同时还与测量程序有关，因此说测量不确定度不是测量仪器的固有特性。描述测量仪器特性的参数是示值误差和最大允许误差。一般常说的"测量仪器的不确定度"实际上是指测量结果中由测量仪器所引入的不确定度分量，因此严格地说应该是"测量仪器所引入的不确定度"而不是"测量仪器的不确定度"。

但如果测量仪器已经过校准，则有时也会将由校准得到的仪器示值误差的不确定度简单地称为"仪器的不确定度"。

有时也将"测量仪器的不确定度"理解为测量仪器所提供的标准量值的不确定度。由于该标准量值是上级部门进行检定或校准时所得到的测量结果，因此它应该有不确定度。

计量标准装置的情况较复杂，计量标准装置可以简单地就是一台测量仪器或量具，也可能是一系列测量仪器的复杂组合。根据定义，测量不确定度是用来描述测量结果的，因此也尽量不要用"计量标准装置的不确定度"这种说法。但如果提到"计量标准装置的不确定度"，可以将它理解为计量标准装置所提供的标准量值的不确定度。当用计量标准装置对被测对象进行检定、校准或测量时，计量标准装置所引入的不确定度仅是测量结果的不确定度分量之一。当计量标准装置由多台仪器及其他配套设备组成时，它对测量结果不确定度的影响由测量方法以及包括测量仪器等对给出标准量值有影响的各不确定度分量合成得到。因此也可以将"计量标准装置的不确定度"理解为在测量结果的不确定度中，由计量标准装置所引入的不确定度分量。

测量结果和测量仪器的误差与不确定度之比较见表 3-1。

表 3-1　测量结果和测量仪器的误差与不确定度之比较

测量结果	误差	定义：测量结果减去被测量的真值。 测量结果的误差与真值或约定真值有关，也与测量结果有关。是一个有确定符号的量，不能用"±"号表示。 测量结果的误差等于系统误差和随机误差的代数和
	不确定度	定义：表征合理地赋予被测量之值的分散性，与测量结果相联系的参数。 表示一个区间，恒为正值。用标准不确定度或扩展不确定度表示

测量仪器	误差	定义：测量仪器的示值与对应输入量真值之差，也称为示值误差。 示值误差与真值有关，实际上常用约定真值而得到示值误差的近似值。 示值误差是对于某一特定仪器和某一特定的示值而言的，同型号不同仪器的示值误差一般是不同的，同一台仪器对应于不同测量点的示值误差也可能不同。 最大允许误差是对某型号仪器人为规定的误差限，即表示一个区间。它不是测量仪器实际存在的误差，是所规定的示值误差的最大允许值。当用仪器进行测量，并直接将仪器示值作为测量结果时，由仪器所引入的不确定度分量可由它导出
	不确定度	没有对测量仪器的不确定度下过定义，因此尽量不要用"测量仪器的不确定度"这种说法。 可将"测量仪器的不确定度"理解为在测量结果中，由测量仪器所引入的不确定度分量，或理解为测量仪器所提供的标准量值的不确定度。 如果仪器经过校准，有时也将仪器示值误差的不确定度称为仪器的不确定度

3.5　关于误差和不确定度的小结

（1）误差和不确定度是两个完全不同而相互有联系的概念，它们相互之间并不排斥。不确定度不是对误差的否定，相反，它是误差理论的进一步发展。

（2）用测量不确定度评定代替过去的误差评定，绝不是简单地将"误差"改成"不确定度"就可以了。也不表示"误差"一词不能再使用。误差和不确定度的定义和概念是不同的，因此不能混淆和误用。应该根据误差和不确定度的定义和它们之间的区别来加以判断。应该用误差的地方就用误差，应该用不确定度的地方就用不确定度。

（3）误差仅与测量结果及被测量的真值或约定真值有关。对于同一个被测量，不管测量仪器、测量方法、测量条件如何，相同测量结果的误差总是相同的。而在重复性条件下进行多次重复测量，得到的测量结果一般是不同的，因此它们的测量误差也不同。

（4）测量不确定度和测量仪器、测量方法、测量条件、测量程序以及数据处理方法有关，而与在重复性条件下得到的具体测量结果数值大小无关。在重复性条件下进行测量时，不同测量结果的不确定度是相同的，但它们的误差则肯定不同。

（5）若已知测量误差，就可以对测量结果进行修正，得到已修正的测量结果。而不确定度是不能用来对测量结果进行修正的。在评定已修正测量结果的不确定度时，必须考虑修正值的不确定度。

（6）误差是一个确定的数值，因此误差合成时应采用代数相加的方法。不确定度表示着被测量之值的分布区间，当各不确定度分量不相关或相互独立时，各不确定度分量的合成采用几何相加的方法，即常用的方和根法。

（7）测量仪器没有不确定度，因为没有对仪器的不确定度下过定义。因此一般不要采用"测量仪器的不确定度"这种说法，但可将测量仪器的不确定度理解为仪器所提供的标准量值的不确定度，或在测量结果中由测量仪器引入的不确定度分量。因此实际上应该说"测量仪器引入的不确定度"。不确定度这一参数不是测量仪器的固有特性，表征测量仪器性能的术语是示值误差或最大允许误差，它们与用仪器得到的测量结果的不确定度有关。

（8）计量标准装置的情况与测量仪器相类似，但更复杂一些，一般也不要采用"计量标准装置的不确定度"这种说法。可以将"计量标准装置的不确定度"理解为计量标准装置所提供的标准量值的不确定度，或理解为在测量结果的不确定度中，由计量标准装置（包括装置中的所有测量仪器、配套设备以及测量方法）所引入的不确定度分量。因此实际上也应该是"计量标准装置引入的不确定度"。

（9）测量仪器有两种使用方式：加修正值使用和不加修正值使用。若测量仪器经过校准而已知其示值误差，则有可能加修正值使用。在这种情况下，有时将示值误差的不确定度（即修正值的不确定度）称为该测量仪器的不确定度。若测量仪器未经过校准，则通常不加修正值使用。此时其最大允许误差就可作为评定该仪器在测量结果中所引入的不确定度分量的依据。在已知分布的情况下，通过 B 类评定，可以由最大允许误差得到该分量的标准不确定度。

（10）过去人们经常会误用"误差"一词，即通过误差分析得到的往往是被测量值不能确定的范围，它表示一个区间，而不是真正的误差值。真正的误差值应该与测量结果有关。

3.6 测量仪器的检定和校准

计量器具的检定和校准是测量中两个十分重要的概念，表面上看起来两者似乎差别不大，具体操作过程似乎也相差无几。但如果仔细研究一下，就会发现两者在许多方面都存在着很大的差别。

3.6.1 定义

检定是"查明和确认计量器具是否符合法定要求的程序，它包括检查、加标记和（或）出具检定证书。"

定义中的法定要求包括计量要求、技术要求和行政管理要求等方面。计量要求主要是指确定计量器具的误差以及其他计量特性，例如：准确度等级、稳定性、重复性、漂移、分辨力、分度值等。技术要求是指为了满足计量要求所必须具备的性能，例如结构、安装方面的要求，读数的可见性等。行政管理要求是指是否符合各种法令、法规的要求，例如标识、铭牌、证书及有效期、检定记录等。

而校准则是："在规定条件下，为确定测量仪器或测量系统所指示的量值，或实物量具或参考物质所代表的量值，与对应的由标准所复现的量值之间关系的一组操作。"

其含义是用一个参考标准对计量器具的特性赋值并确定其示值误差。而被校准计量器具的量值就通过该参考标准溯源到国家基准或国际基准。校准的目的仅是确定其示值误差，以确保被校准计量器具的量值准确并进行量值溯源。

由此可见，校准所包含的内容要比检定少得多。它仅包含计量要求中与量值准确性有关的计量特性的要求。

3.6.2　法制性

我国《计量法》第九条规定："县级以上人民政府计量行政部门对社会公用计量标准器具，部门和企业、事业单位使用的最高计量标准器具，以及用于贸易结算、安全防护、医疗卫生、环境检测方面的列入强制检定目录的工作计量器具实行强制检定……而对前款规定以外的其他计量标准器具和工作计量器具，使用单位应当自行定期检定或者送其他计量检定机构检定……"

由此可见计量检定是由《计量法》规定的，它包括强制检定和非强制检定两类。它们都必须依法管理，因而都具有法制性，是属于法制计量管理范畴的一种执法行为。检定对应于量值传递。

而校准并不具有法制性，是企业自愿进行的一种量值溯源。

3.6.3　依据

检定的依据是检定规程。《计量法》第十条规定"计量检定必须执行计量检定规程"。计量检定规程是指对计量器具的计量性能、检定项目、检定条件、检定方法、检定周期以及检定数据处理等所作的技术规定。

校准的依据是校准规范，也可以参照检定规程执行，也可以经校准方和用户双方商定自行确定校准的方法。

例如，游标卡尺检定规程规定，对于测量范围为 150mm 的卡尺，受检点必须在测量范围内均匀分布且不少于 3 点。若用户要求仅检定 100mm 测量点，因该卡尺只在 100mm 测量点附近使用。对于检定，这是不允许的，因为规程规定必须测量均匀分布的三个点，而检定必须依据检定规程进行。若用户要求进行校准，并最后出具校准证书，则是可以的，因为校准方法可以双方自行商定。

3.6.4　结论

检定必须给出合格与否的结论。检定合格的发给检定合格证书，不合格的发给不合格通知书。

校准结果通常是出具校准证书或校准报告，在证书或报告中一般不需要给出合格与否的结论。但也可以指出计量器具的某一性能是否符合预期的（例如检定规程）要求。

3.6.5　有效期

检定证书上要求给出有效期，它表示在正常使用条件下，在该有效期内计量器具具有某种预期的性能。

校准证书一般不给出有效期（也可以建议一个有效期）。校准原则上只给出在校准时计量器具的性能，而并不给出其计量性能今后预期的变化。

3.6.6　测量不确定度评定

在对检定结果或校准结果进行测量不确定度评定时，两者也稍有差别。

对于检定，最后要给出检定证书的有效期。也就是说，在正常使用条件下，只要在有效期内，证书所给的结论有效。因此在对检定的结果进行测量不确定度评定时，必须要考虑一个不确定度分量，即被检定对象所提供的量值在证书有效期内预期可能产生的变化对测量结果的影响。

对于校准，通常只给出计量器具在校准时的性能，而并不给出今后预期的变化，因此校准方在进行校准结果的测量不确定度评定时，不必考虑校准对象的性能今后可能产生的变化。该变化应由用户自己考虑。

从另一方面来说，在对任何一个测量结果进行不确定度评定时，若测量中所用的参考标准的量值是由检定证书提供的，则就可以直接使用检定证书上所给出的不确定度作为在测量中由参考标准所引入的不确定度分量。若测量中所用的参考标准的量值是由校准证书提供的，则在对测量结果进行不确定度评定时，除了需要考虑校准证书上所给出的标准量值的不确定度外，还应额外考虑一个不确定度分量。

第4章　概率与统计学基本知识

4.1　概率基本概念

4.1.1　样本空间与事件

在结构可靠性管理中，常常会遇到这样的情况：在不变的条件下重复地进行多次试验或观测，例如：检测某一批混凝土试块强度、观测某个桥梁在一定时间段通过的车辆数量等。抽取这些试验或观测的具体性质，就得到概率论中试验的概念。

试验的结果中所发生的现象称为事件，而试验的结果中可能发生也可能不发生的事件，称之为随机事件，记作 $A,B,C,\cdots$；在一定条件下必然出现的现象称为必然事件，记作 U；在一定条件下必然不出现的现象称为不可能事件，记作 V；试验的结果中每一个可能发生的事件叫作试验的样本点（或基本事件），记作 ω；试验的所有样本点的集合构成了试验的样本空间，记作 $\Omega=\{\omega\}$。

任一随机事件 A 都是样本空间 Ω 的一个子集，必然事件 U 就是样本空间 Ω，不可能事件 V 就是空集$\varnothing$。

样本空间和事件是概率论中的最基本概念之一，为了更好地理解这些概念，下面通过两个例子具体说明。

[例4-1]　　对一批设计强度等级为 C30 的混凝土进行检验，共抽取 n 组标准试块，进行抗压强度试验。假设试验结果为：$x_1,x_2,\cdots,x_n$，其中 x_i 为第 i 组试块的试验结果。

对于本次试验而言，理论上混凝土强度可以是任意大于 0 的实数，即试验的样本空间为 $\Omega=\{x>0\}$，每一组试验结果为该样本空间中的一个样本点。只包含一个样本点的事件定义为基本事件，例如，A 为$\{x=29.8\}$，也可以定义包括多个样本点的事件，如 B 为$\{x\geqslant30.0\}$，C 为$\{2.0\leqslant x\leqslant35.0)\}$等。

[例4-2] 某批构件的总数为 100 个，假定该批构件外观质量合格率为 90%，即其中有 10 个构件存在外观质量缺陷，从中任意抽取 $n \geqslant 10$ 个构件进行检查，确定其中不合格构件的个数。

对于本次试验而言，不合格构件的个数就是一个随机事件，即试验的样本空间为离散样本空间 $\Omega = \{x = i, i = 0 \sim 10\}$，每一次试验结果都是随机的，为该样本空间中的一个样本点，n 个受检构件中不合格构件的个数可以取 $0 \sim 10$ 中任意整数。

4.1.2 事件的关系及其概率

随机事件的特点就是在一次试验中可能发生也可能不发生，随机事件发生的可能性大小可以用一个介于 0 和 1 之间的数来定量描述，这个数称为随机事件 A 发生的概率，表示为 $P(A)$。$P(A) = 0$ 表示事件 A 不可能发生，即事件 A 为不可能事件；$P(A) = 1$ 表示事件 A 必然发生，即事件 A 为必然事件。

1. 随机事件的关系

随机事件之间的关系可以归纳为以下几种：

（1）事件的包含

如果事件 A 必然导致事件 B 发生，则称事件 B 包含事件 A。例如，在混凝土强度试验中，混凝土强度检测值小于40MPa这一事件包含了混凝土强度检测值小于30MPa。

（2）事件的互斥（互不相容性）

如果两事件不包括共同的样本点，则称它们是互斥的或互不相容的事件。例如：混凝土强度检测值在 30～40MPa 之间和混凝土强度检测值大于 40MPa 就是两个互斥或互不相容事件。

（3）事件的互逆（互补性）

如果两事件不可能同时发生且两个事件构成完备的样本空间，则称它们是互逆的或互补事件。例如，混凝土强度小于 30MPa 和混凝土强度不小于 30MPa 就是两个互逆事件。

（4）事件的独立性

一个事件的发生对另一个事件发生不产生影响，则称它们是相互独立的。例如，一个袋中共有 5 个白球和 3 个黑球，从袋中连续取 2 个球，假定第一次取出的球仍放回。设事件 A 为第二次取出的是白球，事件 B 为第一次取出的是白球。很显然，事件 A 和事件 B 是独立的。

（5）事件的相关性

一个事件的发生对另一个事件的发生产生影响，则称它们是相关的。例如：

一个袋中共有 5 个白球和 3 个黑球，从袋中连续取 2 个球。假定第一次取出的球不放回。设事件 A 为第二次取出的是白球，事件 B 为第一次取出的是白球。很显然，事件 A 和事件 B 是相关的。

（6）完备事件组

如果 n 个事件中至少有一个一定发生，则称这 n 个事件构成一个完备事件组。一对互逆的事件必然构成一个完备事件组，例如：在对一个产品进行合格检验时，检验结论合格和检验结论不合格就构成了一个完备事件组。

2. 事件的概率运算

两个事件同时出现称为两个事件的交，两个事件至少有一个出现称为两个事件的并，并的概念可以推广至多个事件。

（1）互斥事件的概率运算

两个互斥性事件的并的概率为：

$$\left.\begin{array}{l} P(A + B) = P(A) + P(B) \\ P(A + \overline{A}) = P(A) + P(\overline{A}) = 1 \end{array}\right\} \tag{4-1}$$

（2）独立事件的概率运算

两个独立事件的交的概率为：

$$P(AB) = P(A)P(B) \geqslant 0 \tag{4-2}$$

两个互斥性事件的交的概率为：

$$P(AB) = 0 \tag{4-3}$$

多个独立事件的交的概率为：

$$P(A_1 A_2 \cdots A_n) = \prod_{i=1}^{n} P(A_i) \tag{4-4}$$

两个独立事件的并的概率为．

$$P(A + B) = P(A) + P(B) \leqslant 1 \tag{4-5}$$

多个独立事件的并的概率为：

$$P\left(\sum_{i=1}^{n} A_i\right) = \sum_{i=1}^{n} P(A_i) \tag{4-6}$$

（3）任意事件的概率运算

如果在事件 B 已经发生的情况下考虑事件 A 的概率，则这种概率称为事件 A 在事件 B 已经发生的情况下的条件概率，记作 $P(A|B)$。

任意两个事件的交的概率，等于其中一个事件的概率与另一个事件在前一个事件发生的条件下的条件概率的乘积。

$$P(AB) = P(A)P(B|A) = P(B)P(A|B) \tag{4-7}$$

任意两个事件的并的概率，等于这两个事件的概率的和减去这两个事件交的概率。

$$P(A+B) = P(A) + P(B) - P(AB) \qquad (4-8)$$

[例4-3] 某批构件的总数为 100 个，次品率为 10%，每次抽取 1 个构件，检查后不放回，求第三次才抽到次品构件的概率。

解：第三次才抽到次品构件这一事件 A 可以看作以下 3 个事件的交：

A_1：第一次未抽到次品；

A_2：在第一次未抽到次品条件下，第二次未抽到次品；

A_3：在第一、第二次均未抽到次品条件下，第三次抽到次品。

$$P(A) = P(A_1A_2A_3) = P(A_1)P(A_2 \mid A_1)P(A_3 \mid A_1A_2) = \frac{90}{100} \times \frac{90}{99} \times \frac{10}{98} = 0.0835$$

（4）全概率公式

设事件 A 当且仅当互不相容的事件 $B_1, B_2, \cdots, B_n$ 中的任一事件发生时才可能发生，已知事件 B_i 的概率 $P(B_i)$ 及事件 A 在事件 B_i 发生的条件下的条件概率 $P(A \mid B_i)$，则事件 A 发生的概率可通过全概率公式计算：

$$P(A) = \sum_{i=1}^{n} P(B_i)P(A \mid B_i) \qquad (4-9)$$

（5）贝叶斯公式

在全概率公式中，把事件 B_i 的概率 $P(B_i)$ 叫作试验前概率，如果进行一次试验，事件 A 确实发生了，则应当重新估计事件 B_i 的概率 $P(B_i \mid A)$，叫作试验后概率，$P(B_i \mid A)$ 可通过贝叶斯公式计算：

$$P(B_i \mid A) = \frac{P(B_i)P(A \mid B_i)}{\sum_{i=1}^{n} P(B_i)P(A \mid B_i)} \qquad (4-10)$$

4.1.3　随机变量

对于试验的样本空间 Ω 中任一个样本点 ω，变量 X 都有一个确定的实数值与之对应，即 X 是样本点 ω 的函数，记作 $X = X(\omega)$，这样的变量称为随机变量，记作 X。随机变量是事件在实数轴上的映射函数。

根据可能取得的值，随机变量分为离散随机变量和连续随机变量两种基本类型，连续随机变量可以取得某一区间内的任何数值，而离散随机变量只能取得某一区间内的有限个值。例如，在检测混凝土保护层厚度时，如果是以具体的数值来表述检测结果，测点的混凝土保护层厚度就是连续随机变量；如果是以合格率来表述检测结果，测点的混凝土保护层厚度就是离散随机变量。

4.1.4　概率分布函数和概率密度函数

设 x 是任一实数，随机变量 X 取得的值不大于 x 的概率是 x 的函数，记作 F

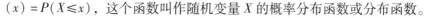

$(x) = P(X \leqslant x)$，这个函数叫作随机变量 X 的概率分布函数或分布函数。

离散随机变量的分布函数可按概率加法定律计算：

$$F(x) = P(X \leqslant x) = \sum_{x_i < x} P(X = x_i) = \sum_{x_i < x} P(x_i) \tag{4-11}$$

对于连续随机变量，分布函数 $F(x)$ 的导函数 $f(x)$ 叫作变量 X 的概率密度函数。

连续随机变量的分布函数可以通过对概率密度函数 $f(x)$ 进行积分求得：

$$F(x) = P(-\infty < X \leqslant x) = \int_{-\infty}^{x} f(x)\,\mathrm{d}x \tag{4-12}$$

连续随机变量 X 落在区间 (x_1, x_2) 的概率等于它的概率密度函数 $f(x)$ 在该区间上的定积分。从几何意义上等于分布曲线 $y = f(x)$ 之下的曲边梯形的面积：

$$P(x_1 < X \leqslant x_2) = \int_{x_1}^{x_2} f(x)\,\mathrm{d}x \tag{4-13}$$

4.2　常用的概念分布类型

4.2.1　离散随机变量的分布

在结构可靠性管理中常用的离散随机变量的分布主要有二项分布、超几何分布。

1. 二项分布

如果在每次试验中只有两种可能的结果，而且是互相对立的；每次试验是独立的，与其他各次试验结果无关；事件发生的概率在整个系列试验中保持不变，则这一系列试验称为伯努利试验，又称为独立试验序列。

设每次独立试验中事件 A 发生的概率均为 p，n 次试验中事件 A 发生次数可以用一个离散随机变量 X 表示，其可能值是 0，1，2，…，n。n 次试验中事件 A 发生次数为 x 的概率为：

$$P(x) = C_n^x p^x (1-p)^{n-x}, \quad x = 0,1,2,\cdots,n \tag{4-14}$$

概率分布函数满足式（4-14）的分布叫作二项分布，二项分布包括两个参数 n 和 p，记作 $B(n,p)$，随机变量 X 服从二项分布 $B(n,p)$，记作 $X \sim B(n,p)$。

二项分布 $B(n,p)$ 的数学期望等于 np，其方差等于 $np(1-p)$。

2. 超几何分布

设一批产品共有 N 个单位产品，其中次品为 M 个。从这批产品中任意取 n（$n > M$）个进行检验，出现次品数量是一个离散随机变量 X，其可能值是 0，1，2，…，M，X 的概率为：

$$P(x) = \frac{C_M^x C_{N-M}^{n-x}}{C_N^n}, x = 0, 1, 2, \cdots, n \tag{4-15}$$

其中 n，M，N 都是正整数，且 $n \leq N$，$M \leq N$，这种分布叫作超几何分布。超几何分布包括 3 个参数 n、M 和 N，记作 $H(n,M,N)$。如果随机变量 X 服从超几何分布 $H(n,M,N)$，记作 $X \sim H(n,M,N)$。

超几何分布 $H(n,M,N)$ 的数学期望等于 $\frac{nM}{N}$，其方差等于 $\frac{nM(N-M)(N-n)}{N^2(N-1)}$。

4.2.2　连续随机变量的分布函数

1. 均匀分布

设随机变量 X 的一切可能值充满某一有限区间 $[a,b]$，并在该区间内任一点有相同的概率密度，这种分布叫作均匀分布。均匀分布包括两个参数 a、b，记作 $U(a,b)$。如果随机变量 X 服从均匀分布 $U(a,b)$，记作 $X \sim U(a,b)$。

均匀分布 $U(a,b)$ 的概率密度函数为：

$$f(x) = \begin{cases} \dfrac{1}{b-a}, a \leq x \leq b \\ 0, x > b \text{ 或 } x < a \end{cases} \tag{4-16}$$

其概率分布函数为：

$$F(x) = \begin{cases} 0, x < a \\ \dfrac{x-a}{b-a}, a \leq x \leq b \\ 1, x > b \end{cases} \tag{4-17}$$

均匀分布 $U(a,b)$ 的数学期望等于 $\frac{a+b}{2}$，其方差等于 $\frac{(b-a)^2}{12}$。

规范中的一些经验系数一般都采用均匀分布，因此，可以采用内插法取值。当没有任何资料可供参考时，变量的先验分布也经常采用均匀分布假设。

2. 正态分布

在结构可靠性管理中最常用的随机变量分布类型为正态分布。

设连续随机变量 X 的概率密度函数为：

$$f(x) = \frac{1}{\sqrt{2\pi}\sigma} e^{-\frac{(x-\mu)}{2\sigma^2}}, -\infty < x < +\infty \tag{4-18}$$

分布函数为：

$$F(x) = \frac{1}{\sqrt{2\pi}\sigma} \int_{-\infty}^{x} e^{-\frac{(x-\mu)}{2\sigma^2}} dx, -\infty < x < +\infty \tag{4-19}$$

式中 μ 及 $\sigma > 0$ 都是常数，这种分布叫作正态分布，记为 $N(\mu, \sigma^2)$。

正态分布 $N(\mu,\sigma^2)$ 的数学期望等于 μ，其方差等于 σ^2。

当 $\mu=0$ 及 $\sigma=1$ 时，这种分布叫作标准正态分布，记为 $N(0,1)$，它的概率密度为：

$$\phi(x) = \frac{1}{\sqrt{2\pi}}e^{-\frac{x^2}{2}}, \quad -\infty < x < +\infty \tag{4-20}$$

分布函数为：

$$\Phi(x) = \frac{1}{\sqrt{2\pi}}\int_{-\infty}^{x} e^{-\frac{x^2}{2}}dx, \quad -\infty < x < +\infty \tag{4-21}$$

标准正态分布的分布函数 $\Phi(x)$ 具有如下性质：

1）$\Phi(0)=0.5$；

2）$\Phi(+\infty)=1$；

3）$\Phi(-x)=1-\Phi(x)$。

设连续随机变量 $X \sim N(\mu,\sigma^2)$，只要通过下面的线性变换就可以转化为标准正态分布：

$$Z = \frac{X-\mu}{\sigma} \tag{4-22}$$

因此，X 落在区间 (x_1, x_2) 的概率为：

$$
\begin{aligned}
P(x_1 < X < x_1) &= \int_{x_1}^{x_2} \frac{1}{\sqrt{2\pi}\sigma}e^{-\frac{(x-\mu)^2}{2\sigma^2}}dx \\
&= \frac{1}{\sqrt{2\pi}}\int_{\frac{x_1-\mu}{\sigma}}^{\frac{x_2-\mu}{\sigma}} e^{-\frac{t^2}{2}}dt = \Phi\left(\frac{x_2-\mu}{\sigma}\right) - \Phi\left(\frac{x_1-\mu}{\sigma}\right)
\end{aligned}
\tag{4-23}
$$

3. 对数正态分布

在结构可靠度分析中，结构抗力 R 可以看作是材料强度、截面尺寸等多个基本变量的函数，函数形式一般为这些基本变量的乘积或其乘积和。例如，一般钢筋混凝土受弯构件，当仅配箍筋时，其斜截面的受剪承载力 R_v 由式（4-24）计算：

$$R_v = 0.7f_t bh_0 + 1.25f_{yv}\frac{A_{sv}}{s}h_0 \tag{4-24}$$

很显然，斜截面的受剪承载力 R_v 是混凝土抗拉强度 f_t、截面宽度 b、截面有效高度 h_0、箍筋屈服强度 f_{yv} 和配箍量 $\frac{A_{sv}}{s}$ 的函数。

对结构抗力 R 计算公式两边同时取对数，即 $\log R = \sum_{i=1}^{x} a_i X_i$，$\log R$ 可以近似看成是服从正态分布的随机变量。

对数正态分布是对数为正态分布的任意随机变量的概率分布。如果 X 是服从正态分布的随机变量，则 $\exp(X)$ 服从对数正态分布；同样，如果 Y 服从对数正态分布，则 $\log Y$ 服从正态分布。

若 $X \sim N(\mu, \sigma^2)$，$Y = \exp(X)$ 服从对数正态分布 $\ln(\mu, \sigma^2)$，其密度函数为：

$$f_Y(x) = \begin{cases} \dfrac{1}{\sqrt{2\pi}\sigma x}\exp\left(-\dfrac{(\ln x - u)^2}{2\sigma^2}\right), & x > 0 \\ 0, & x \leqslant 0 \end{cases} \tag{4-25}$$

当 Y 的均值为 m_Y、变异系数为 δ_Y 时，分布参数 μ、σ 可由式(4-26)计算：

$$\begin{cases} \sigma = \sqrt{\log(1 + \delta_Y^2)} \\ \mu = \log \dfrac{m_Y}{\sqrt{1 + \delta_Y^2}} \end{cases} \tag{4-26}$$

4.2.3　随机变量分布函数的意义

从上面分析可以看出，只需用几个参数（如均值和标准差）就可以唯一确定随机变量的分布函数，分布函数完整地描述了其统计规律，有了这个分布函数，随机变量任何值的概率或任何概率的值都可以计算得到。

当结构基本变量用随机变量模型进行描述后，就可以通过数学方法进行估值、检验、分析和判断。

4.3　随机事件出现的频率和概率

4.3.1　事件和随机事件

在统计学中，任何一个观测到的现象或试验结果，均称为一个事件。例如在硬币抛掷实验中，出现正面和反面分别称为两种不同的事件。明天下雨或不下雨也是两种不同的事件。在重复性条件下得到的每一个不同的测量结果都称为一个事件。

事件可以分为必然事件、不可能事件和随机事件三类：

（1）必然事件。在一定条件下必然会发生的事件，例如某物体质量的测量结果为正值，以及苹果熟了一定下落等，均是必然事件。

（2）不可能事件。在一定条件下不可能出现的事件，例如某物体质量的测量结果为负值，以及苹果熟了远离地球而飞走等，均是不可能事件。

（3）随机事件。在一定条件下可能出现也可能不出现的事件，例如某物体质量的测量结果在 2.323kg 和 2.324kg 之间，或某个地区下月 4 日是否下雨，以及硬币抛掷实验中出现正面朝上的事件等，均是随机事件。随机事件的特点是我们在事前无法预言它所出现的结果，其所出现的结果呈现出一种偶然性。

必然事件或不可能事件的出现有其内在的规律性，即有明确的因果关系，这比较容易理解，根据该规律性可以判断事件必然发生或不可能发生。随机事件的共同特点是：在一定的条件下，一种事物可能出现这种结果，也可能出现另一种结果，呈现出一种偶然性。对于随机事件，我们无法事前判断试验或观测的结果，因此表面上看来随机事件的出现似乎并无规律性可言。虽然就每一次试验或观测来看，其结果似乎而且也的确无法预知，但如果进行大量的重复实验，就会发现随机事件的出现存在着其内在的规律性，即统计规律性。

任何随机事件从本质上来说均有其必然性。例如硬币抛掷实验，如果我们能控制硬币上抛的初速度，同时能控制硬币上抛时的旋转角速度，并且下落到地面时与地面发生完全非弹性碰撞，则就可以控制硬币下落后出现的正、反面。问题在于无论任何人都无法做到这一点。因此可以说随机事件是由于人们对事件出现的规律性不了解，或虽然了解但无法控制或没有控制事件出现的条件而引起的。

任何测量结果都存在误差，误差通常分为随机误差和系统误差两类。与随机事件相同，任何随机误差从本质上来说都是系统性的。例如，在早期当人们还不了解物体存在热胀冷缩现象时，就会发现在不同的时间测量同一物体的长度，会得到不同的测量结果，也就是说测量结果中存在较大的随机误差。但一旦人们了解了物体热胀冷缩的规律，在每次测量长度时，还同时测量被测物体的温度，并通过其线膨胀系数对测量结果进行修正，于是原来随机误差中的一部分就成为系统误差而被修正。由于修正值的不完善，总会有部分随机误差未被消除而残留，但与未修正的测量结果相比，其随机误差已大大减小。测量技术的不断进步实际上就是不断发现新的系统误差并进行修正，使随机误差随之不断减小的过程。

4.3.2　随机事件出现的频率和概率

虽然随机事件的发生与否带有其偶然性，但其实它也有规律性。这可以通过大量重复试验观察到，故也常称为统计规律性。不同的随机事件发生的可能性一般是不同的。

1. 随机事件出现的频率

随机事件出现的频率定义为在有限次试验中，随机事件出现的百分比，因此这里的所谓"频率"实际上是"频度"的意思。

例如：在一个 N 次的重复试验中，若随机事件 A 出现了 n_A 次，则根据定义可得随机事件 A 出现的频率 f_A 为

$$f_A = \frac{nA}{N} \tag{4-27}$$

实验还发现，在每个重复试验中同一事件出现的频率会有波动，带有偶然性。但多次的重复试验表明，频率经常稳定在一个固定的数值附近。并且随着试验次数的增加，这种趋势越来越明显。这一现象十分重要，通常称为频率具有稳定性。

频率的稳定性说明一个随机事件出现的可能性有一定的大小。频率稳定在一个较大的数值时，表明相应事件出现的可能性大；频率稳定在一个较小的数值时，表明相应事件出现的可能性小。而频率在其周围波动的那个固定的数值就是该事件出现的可能性大小的度量。这个数值就称为相应事件的概率。

2. 随机事件出现的概率

随机事件出现的概率定义为：在一定条件下，随机事件可能发生，也可能不发生，这种可能性的大小称为概率。随机事件 A 出现的概率 p_A 为

$$p_A = \lim_{N \to \infty} f_A = \lim_{N \to \infty} \frac{n_A}{N} \tag{4-28}$$

也就是说，概率 p 是频率 f 的极限值。

对于必然事件，概率 $p = 1$。

对于不可能事件，概率 $p = 0$。

对于随机事件，则 $0 < p < 1$。

式（4-28）提供了近似计算概率的方法，但这需要进行大量的测量。在许多情况下，往往并不需要进行大量的测量，只要对事件进行分析，根据问题本身所具有的对称性，就可以得到事件出现的概率。例如在硬币抛掷实验中，由于硬币的形状和质量分布是对称而均匀的，因此抛掷后出现"正面向上"与"反面向上"的概率必然相等。而每次抛掷的结果只有"正面向上和反面向上"两种可能性。由此可以得到出现"正面向上"或"反面向上"的概率各为50%。

从表4-1给出的历史上著名的硬币抛掷实验结果，可以看出当实验次数增加时，频率 f_A 将趋近于其概率 p。

表 4-1　硬币抛掷实验的结果

抛掷次数	出现 A 面的次数	f_A
4040	2048	0.5069
12000	6019	0.5016
24000	12012	0.5005

第5章 方差合成定理和测量 不确定度评定步骤

5.1 方差合成定理

若一个随机变量是两个或多个独立随机变量之和，则该随机变量的方差等于各分量的方差之和。即：若随机变量 y 和各输入量 $x_i(i=1,2,\cdots,n)$ 之间满足关系式 $y=x_1+x_2+\cdots+x_n$，且各输入量 x_i 之间相互独立，则

$$V(y)=V(x_1)+V(x_2)+\cdots+V(x_n) \tag{5-1}$$

根据标准不确定度的定义，方差即是标准不确定度的平方，故得

$$u^2(y)=u^2(x_1)+u^2(x_2)+\cdots+u^2(x_n) \tag{5-2}$$

若被测量 y 满足更一般的关系式：

$$y=c_1x_1+c_2x_2+\cdots+c_nx_n \tag{5-3}$$

根据方差的性质：随机变量与常数之乘积的方差，等于随机变量的方差与该常数的平方之乘积。于是式（5-2）成为

$$
\begin{aligned}
u_c^2(y) &= u^2(c_1x_1)+u^2(c_2x_2)+\cdots+u^2(c_nx_n)\\
&= c_1^2u^2(x_1)+c_2^2u^2(x_2)+\cdots+c_n^2u^2(x_n)\\
&= u_1^2(y)+u_2^2(y)+\cdots+u_n^2(y)
\end{aligned}
\tag{5-4}
$$

式中，$u_i(y)=c_iu(x_i)$ 称为不确定度分量。

这就是方差合成定理，它是测量不确定度评定的基础。根据方差合成定理，对各相互独立的不确定度分量进行合成时，满足方差相加的原则，而与各分量的来源、性质以及分布无关。

测量结果 y 的标准不确定度 $u(y)$ 通常由若干个测量不确定度分量合成得到，故称为合成标准不确定度，用符号 $u_c(y)$ 表示，脚标"c"系合成之意。在对测量结果进行不确定度评定时，除了对基础计量学研究、基本物理常数测量以及复

现国际单位制单位的国际比对等少数领域仅要求给出测量结果的标准不确定度 $u_c(y)$ 外,一般均要求给出测量结果的扩展不确定度 $U(y)$。

由于 $U(y) = ku_c(y)$,因此:

(1)要得到被测量的扩展不确定度 $U(y)$,就必须先求出其合成标准不确定度 $u_c(y)$。同时还要对被测量 y 的分布进行估计,并根据分布及所要求的包含概率 p 来确定包含因子 k。

(2)要得到合成标准不确定度 $u_c(y)$,必须先求出合成方差 $u_c^2(y)$。

(3)根据方差合成定理,要得到合成方差 $u_c^2(y)$,就必须先求出各分量的方差 $u_i^2(y)$。同时还必须考虑各分量之间是否存在相关性,以及测量模型是否为非线性模型,否则在合成方差中应分别考虑是否要加入协方差项和高阶项。

(4)求出各分量的方差 $u_i^2(y)$ 的前提是必须先求出各个分量的标准不确定度 $u_i(y)$,以及所对应的灵敏系数 c_i。

(5)由于 $u_i(y) = c_i u(x_i)$,c_i 为对应于各输入量 x_i 的灵敏系数,即由输入量的标准不确定度 $u(x_i)$ 换算到不确定度分量 $u_i(y)$ 的换算系数。因此要知道各分量的标准不确定度 $u_i(y)$,就必须先求出各输入量估计值 x_i 的标准不确定度 $u(x_i)$,以及所对应的灵敏系数 c_i。

(6)为求出各输入量的标准不确定度 $u(x_i)$ 的灵敏系数 c_i,必须先找出所有有影响的测量不确定度来源和写出合适的测量模型。

5.2 测量不确定度的评定步骤

测量过程中,引起测量不确定的因素有很多,为了对测量结果的不确定度作出正确的评定,评定必须按照一定的步骤进行。不确定度评定的一般步骤如图5-1所示。

当被测量确定后,测量结果的不确定度仅仅和测量方法有关,因此在进行不确定度评定之前必须首先确定被测量和测量方法。此处的测量方法包括测量原理、测量仪器、测量条件、测量程序以及数据处理程序等。测量方法确定后,测量不确定度评定步骤如下。

5.2.1 建立满足测量不确定度评定所需的数学模型

建立数学模型也称为测量模型化。其目的是要建立满足测量所要求准确度的数学模型,即被测量 Y 和所有各影响量 X 之间的函数关系:

$$Y = f(X_1, X_2, \cdots, X_n) \tag{5-5}$$

影响量 X_i 也称为输入量,被测量 Y 也称为输出量。

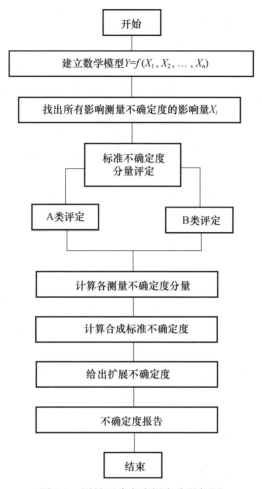

图 5-1　测量不确定度评定步骤框图

　　从原则上说，数学模型应该就是用以计算测量结果的计算公式。但由于许多情况下的计算公式都经过了一定程度的近似和简化，有些因素对测量结果的影响可能很小，因此在计算测量结果的公式中可能被忽略但对于测量不确定度来说可能是必须考虑的，因此数学模型和计算公式经常是有差别的。

　　要求所有对测量不确定度有影响的输入量都包含在数学模型中。在测量不确定度评定中，所考虑的各不确定度分量，要与数学模型中的输入量一一对应。这样，在数学模型建立以后，测量不确定度评定就可以完全根据数学模型进行。

　　数学模型并不是一成不变的。对于同样的被测量和同样的测量方法，当所要求的测量准确度不同时，需要考虑的不确定度分量数目可能不一样，此时数学模型也可能会有差别。有时选择不同的输入量，也可能会得到不同形式的数学模型。

5.2.2 找出所有影响测量不确定度的影响量

进行测量不确定度评定的第一步是找出所有对测量结果有影响的影响量，即所有的测量不确定度来源。原则上，测量不确定度来源既不能遗漏，也不要重复计算，特别是对于比较大的不确定度分量。

测量过程中的随机效应和系统效应均会导致测量不确定度，数据处理中的修约也会导致不确定度。这些从产生不确定度原因上所作的分类，与根据评定方法上所作的 A、B 分类之间不存在任何联系。

对于那些尚未认识到的系统效应，显然是不可能在不确定度评定中予以考虑的，但它们可能导致测量结果的误差。

5.2.3 确定各输入量的估计值以及对应于各输入量估计值 x_i 的标准不确定度 $u(x_i)$

测量结果是由各输入量的最佳估计值代入计算公式或数学模型后得到的，因此输入量最佳估计值的不确定度显然会对测量结果的不确定度有影响。输入量最佳估计值的确定大体上分成两类：通过试验测量得到，或由诸如检定证书、校准证书、材料手册、文献资料以及实践经验等其他各种信息来源得到。对于这两种不同的情况，可以采用不同的方法评定其标准不确定度。标准不确定度的评定方法可以分为 A 类评定和 B 类评定两类。

不确定度的 A 类评定是指通过对一组观测列进行统计分析，并以试验标准差表征其标准确定度的方法；而所有不同于 A 类评定的其他方法均称为 B 类评定，它们是基于经验或其信息的假定概率分布估算的，也用标准差表征。

当测量程序不同，获得输入量估计值 x_i 的方法不同，则输入量估计值的标准不确定度 $u(x_i)$ 也可能不同。

5.2.4 确定对应于各输入量的标准不确定度分量 $u_i(y)$

若输入量估计值 x_i 的标准不确定度为 $u(x_i)$，则对应于该输入量的标准不确定度分量 $u_i(y)$ 为

$$u_i(y) = c_i u(x_i) = \frac{\partial f}{\partial x_i} u(x_i) \qquad (5\text{-}6)$$

式中，c_i 称为灵敏系数，它可由数学模型对输入量 x_i 求偏导数而得到。当无法找到可靠的数学表达式时，灵敏系数 c_i 也可以由试验测量得到。在数值上它等于当输入量 x_i 变化一个单位量时，被测量 y 的变化量。因此这一步实际上是进行单位换算，由输入量单位通过灵敏系数换算到输出量的单位。

当数学模型为非线性模型时，灵敏系数 c_i 的表示式中将包含输入量。从原则上说，此时灵敏系数 c_i 表示式中的输入量应取其数学期望值。当灵敏系数 c_i 表示式中的输入量的数学期望值为零时，由式（5-6）得到该不确定度分量 $u_i(y)$ 为零。此时应考虑在合成方差中是否加入高阶项。

5.2.5　列出不确定度分量汇总表

不确定度分量汇总表也称为不确定度概算。从原则上说，列出测量不确定度分量汇总表并非测量不确定度评定必不可少的步骤，并且对汇总表的内容也无具体要求。但经验表明，列出不确定度分量汇总表有利于对不确定度评定进行分析、检查、比较和交流。尤其是那些对测量准确度要求较高和不确定度分量较多的测量，更具有一目了然的效果。可以立即看出哪些不确定度分量对测量结果起主要作用。如果合成后得到的扩展不确定度不满足要求，即评定得到的测量不确定度大于所要求的测量不确定度，则应该专注于改进那些起主要作用的分量。如果评定得到的测量不确定度远小于所要求的测量不确定度，则该测量方法在技术上是可行的，但从经济的角度而言可能并不是最合理的。如果有必要，这时可以适当地放宽对环境条件或测量设备的要求，以降低测量的成本。在由合成标准不确定度得到扩展不确定度时，包含因子 k 的数值与被测量 Y 的分布有关，不确定度分量汇总表也将有助于对被测量的分布进行判断。

测量人员也可以利用该汇总表，在进行测量时对那些起主要作用的输入量应予以特别关注，因为一旦这些输入量稍有失控就可能对测量结果的不确定度产生很大的影响。

5.2.6　将各标准不确定度分量 $u_i(y)$ 合成得到合成标准不确定度 $u_c(y)$

根据方差合成定理，当数学模型为线性模型，并且各输入量 x_i 彼此间独立无关时，合成标准不确定度 $u_c(y)$ 为

$$u_c(y) = \sqrt{\sum_{i=1}^{n} u_i^2(y)} \tag{5-7}$$

上式常称为不确定度传播定律。

不确定度传播定律实际上是将数学模型按泰勒级数展开后，对等式两边求方差得到的。对于线性数学模型，由于二阶及二阶以上的偏导数均等于零，于是得式（7-5）。当数学模型为非线性模型时，原则上式（5-7）已不再成立，而应考虑其高阶项。但若非线性不很明显，通常因高阶项远小于一阶项而式（5-7）仍可以近似成立。但若非线性较强时，则必须考虑高阶项。

当各输入量之间存在相关性时，则还应考虑它们之间的协方差，即在合成标

准不确定度的表示式中应加入与相关性有关的协方差项。

5.2.7 确定被测量 Y 可能值分布的包含因子

根据被测量 Y 分布情况的不同，所要求的置信概率 p 以及对测量不确定度评定具体要求的不同，分别采用不同的方法来确定包含因子 k。因此在得到各分量的标准不确定度后，应该先对被测量 Y 的分布进行估计。

当被测量 Y 接近正态分布时，并且要求给出对应于置信概率为 p 的扩展不确定度 U_p 时，需计算各分量的自由度和对应于被测量 Y 的有效自由度 ν_{eff} 和所要求的置信概率 p 查 t 分布表得到 k 值。

当被测量 Y 接近于某种其他的非正态分布时，则包含因子 k 应该根据被测量的分布和所要求的置信概率 p 直接求出。

当无法判断被测量 Y 接近于何种分布时，一般直接取 $k=2$。

5.2.8 确定扩展不确定度 U

扩展不确定度 $U=ku_c$。当包含因子 k 由被测量的分布以及所规定的置信概率 p 得到时，扩展不确定度用 $U_p=k_pu_c$ 表示。

5.2.9 给出测量不确定度报告

简要给出测量结果及其不确定度，及如何由合成标准不确定度得到扩展不确定度。报告应给出尽可能多的信息，避免用户对所给不确定度产生错误的理解，以致错误地使用所给的测量结果。报告中测量结果及其不确定度的表达方式应符合 JJF 1059—2012 的规定，同时应注意测量结果及其不确定度的有效数字位数。

第6章 测量不确定度来源及
其数学模型的建立

6.1 测量不确定度的来源

测量过程中有许多引起不确定度的来源，它们可能来自以下几个方面：

6.1.1 对被测量的定义不完整或不完善

例如：定义被测量是一根标称值为 1m 长的钢棒的长度。如果要求测准至微米（μm）量级，则被测量的定义就不够完整。因为此时被测钢棒受温度和压力的影响已较明显，而这些条件没有在定义中说明，由于定义的不完整使测量结果引入温度和压力影响的不确定度。这时完整的被测量定义应是：标称值为 1m 的钢棒在 25.0℃ 和 101325Pa 时的长度。若在定义要求的温度和压力下测量，就可避免由此引起的不确定度。

6.1.2 实现被测量定义的方法不理想

如上例，完整定义的被测量，由于测量时温度和压力实际上达不到定义的要求（包括由于温度和压力的测量本身存在不确定度），使测量结果引入不确定度。又如在微波测量中，"衰减"量是在匹配条件下定义的，但实际测量系统不可能理想匹配，因此失配会引起不确定度。

6.1.3 取样的代表性不够，即被测量的样本不能完全代表所定义的被测量

例如：被测量为某种介质材料在给定频率时的相对介电常数。由于测量方法和测量设备的限制，只能取这种材料的部分做成样块，然后对其进行测量，如果测量所用的样块在材料的成分或均匀性方面不能完全代表定义的被测量，则样块就引起测量不确定度。

6.1.4 对测量过程受环境影响的认识不周全，或对环境条件的测量与控制不完善

同样以上述钢棒为例，不仅温度和压力影响其长度，实际上，湿度和钢棒的支撑方式都有明显影响，但由于认识不足，没有采取措施，就会引起不确定度。此外在按被测量的定义测量钢棒的长度时，测量温度和压力所用的温度计和压力表的不确定度也是不确定度的来源。

又比如在水银温度计的检测中，被检温度计和标准温度计都放在同一个恒温槽中进行检测，恒温槽内的温度由一台温度控制器控制，在实际工作中控制器不可能将恒温槽的温度稳定在一个恒定值，实际的槽温将在一个小的温度范围内往复变化，这样，由于标准和被检温度计的温度响应时间常数不同也会引起不确定度。

6.1.5 对模拟式仪器的读数存在人为偏差（偏移）

模拟式仪器在读取其示值时，一般是估读到最小分度值的1/10。由于观测者的位置和观测者个人习惯的不同等原因，可能对同一个状态下的显示值会有不同的估读值，这种差异将产生不确定度。

6.1.6 测量仪器计量性能（如灵敏度、鉴别力阈、分辨力、死区及稳定性等）上的局限性

数字仪器的不确定度来源之一，是其指示装置的分辨力，例如，即使示值为理想重复，重复性所贡献的测量不确定度仍然不为零，因为仪器的输入信号在一个已知区间内变动，却给出同值重复样的示值。如果指示装置的分辨力为 δx，产生某一示值 X 的激励源的值以等概率落在 $X - (\delta x/2)$ 到 $X + (\delta x/2)$ 的区间内。该激励源就用方差为 $u^2 = (\delta x)^2/12$、宽度为 δx 的矩形概率分布来描述对任一示值，其标准偏差为 $u = 0.29\delta x$。

因此，对于一台数字式称重仪器，其指示装置的最低位数字是 1g 时，装置分辨率的方差 $u^2 = (1/12)g^2$，标准不确定度为 $u = (1/\sqrt{12})\,g = 0.29g$。

[注] 有关灵敏度等的定义参见《通用计量术语及定义》（JJF 1001—2011）。

6.1.7 赋予计量标准的值和标准物质的值不准确

通常的测量是将被测量与测量标准的给定值进行比较实现的，因此，标准的不确定度直接引入测量结果。例如用天平测量时，测得质量的不确定度中包括了标准砝码的不确定度。

6.1.8 引用的数据或其他参量的不确定度

例如，在测量黄铜的长度随温度变化时，要用到黄铜的线热膨胀系数 a_t，查数据手册可以找到所需的 a_t 值，该值的不确定度也可由手册查出，它同样是测量结果不确定度的一个来源。

6.1.9 与测量方法和测量程序有关的近似性和假定性

例如，被测量表达式的近似程度，自动测试程序的迭代程度，电测量中由于测量系统不完善引起的绝缘漏电、热电势、引线电阻上的压降等，均会引起不确定度。

6.1.10 在表面上看来完全相同的条件下，被测量重复观测值的变化

在实际工作中我们经常会发现，无论怎样控制环境条件以及各类对测量结果可能产生影响的因素，最终的测量结果总会存在一定的分散性，即多次测量的结果并不完全相等。这种现象是一种客观存在，是由一些随机效应造成的。

上述不确定度的来源可能相关，例如，第 10 项可能与前面各项有关。对于那些尚未认识到的系统效应，显然是不可能在不确定度评定中予以考虑的，但它可能导致测量结果的误差。

由此可见，测量不确定度一般来源于随机性或模糊性。前者归因于条件不充分，后者归因于事物本身概念不明确。因而测量不确定度一般由许多分量组成，其中一些分量具有统计性，另一些分量具有非统计性，所有这些不确定度来源，若影响到测量结果，都会对测量结果的分散性作出贡献。也就是说由于这些不确定度来源的综合效应，使测量结果的可能值服从某种概率分布。可以用概率分布的标准差来表示的测量不确定度，称为标准不确定度，它表示测量结果的分散性。也可以用具有一定置信概率的区间来表示测量不确定度。

6.2 数学模型的建立

6.2.1 数学模型

在测量不确定度评定中，所有的测量值均应是测量结果的最佳估计值（即对所有测量结果中系统效应的影响均应进行修正）。对各影响量产生的不确定度分量不应有遗漏，也不能有重复。在所有的测量结果中，均不应存在由于读取、记录或数据分析失误或仪器不正确使用等因素引入的明显的异常数据。如果发现测

量结果中有异常值，则应将其剔除，但在剔除数据前应对异常值依据适当规则[例如《数据的统计处理和解释 正态样本离群值的判断和处理》（GB/T 4883—2008）]进行检验，而不能仅凭经验或主观感觉作判断。

在有些情况下，系统效应引起的不确定度分量本身很小，对测量结果的合成不确定度影响也很小，这样的分量在评定不确定度时就可以忽略。如果修正值本身与合成标准不确定度相比也是很小的值时，修正值本身也可以忽略不计。比如，用很高等级的标准器校准低等级的计量器具时，标准器的修正值及标准器修正值引入的不确定度分量均可忽略不计。

又如，在法制计量领域内，通常要求计量标准及测量方法和程序引入的测量不确定度应小到可忽略的程度，即要求标准装置的扩展不确定度为被测件允许误差限的 $1/3 \sim 1/10$。这时，测量方法、过程及测量标准本身引起的不确定度，通常可以忽略不计。

如果测量结果提供的被测量值的估计值，是依据与物理常量相比较而获得的，这时以常数和常量作为单位来报告测量结果，可能比用测量单位本身来报告测量结果有较小的不确定度。

[例6-1]　一台高质量的齐纳电压标准是通过与约瑟夫森效应电压基准比较而被校准，该基准则是基于 CIPM 向国际推荐采用的约瑟夫森常量 K_{J-90} 的约定值。当按约定值 K_{J-90} 报告时，齐纳电压标准的已校准的电压 V_s 的相对合成标准不确定度 $u_c(V_s)/V_s$ 为 2×10^{-8}。但当 V_s 按电压 V 的国际单位制单位报告时，$u_c(V_s)/V_s$ 为 4×10^{-7}，这是因为约瑟夫森常量用国际单位制单位 Hz/V 表示其量值时会引入不确定度。

在实际测量的很多情况下，被测量 Y（输出量）不能直接测得，而是由 N 个其他量 $X_1, X_2, \cdots, X_N$（输入量）通过函数关系 f 来确定

$$Y = f(X_1, X_2, \cdots, X_N) \tag{6-1}$$

式（6-1）表示的这种函数关系，就称为测量模型或数学模型，或称为测量过程数学模型。

测量不确定度通常由测量过程的数学模型和不确定度的传播律来评定。由于数学模型可能不完善，所有有关的量应充分地反映其实际情况的变化，以便可以根据尽可能多的观测数据来评定不确定度。在可能情况下，应采用按长期积累的数据建立起来的经验模型。核查标准和控制图可以表明测量过程是否处于统计控制状态之中，有助于数学模型的建立和测量不确定度的评定。

数学模型不是唯一的，如果采用不同的测量方法和不同的测量程序，就可能有不同的数学模型。例如：

一个随温度 t 变化的电阻器两端的电压为 V，在温度为 t_0 时的电阻为 R_0，电

阻器的温度系数为 a，则电阻器的损耗功率 P（输出量或被测量）取决于 V、R_0、a 和 t（输入量），即

$$P = f(V, R_0, a, t) = V^2/R_0 [1 + a(t - t_0)] \tag{6-2}$$

同样是测量该电阻器的损耗功率 P，我们也可采用测量其端电压和流经电阻的电流 I 来获得，则 P 的数学模型就变成

$$P = f(V, I) = VI \tag{6-3}$$

输出量 Y 的输入量 $X_1, X_2, \cdots, X_N$ 本身可看作被测量，也可取决于其他量，甚至包括具有系统效应的修正值，从而可能导出一个十分复杂的函数关系式，以至函数 f 不能明确地表示出来。

有时输出量的数学模型也可能简单到 $Y = X$，如用一卡尺测量工件的尺寸时，则工件的尺寸就等于卡尺的示值。

数学模型可用已知的物理公式求得，也可用试验的方法确定，甚至只用数值方程给出（数值方程为物理方程的一种，用于表示在给定测量单位的条件下，数值之间的关系，而无物理量之间的关系）。如果数据表明 f 没有能测量过程模型化至测量所要求的准确度，则必须在 f 中增加输入量，即增加影响量。例如在电阻功率的测量中，增加电阻上已知的温度非均匀分布、电阻温度系数的非线性关系、电阻值与大气压的关系等，直至测量结果满足测量要求。

设式（6-1）中被测量 Y 的估计值为 y，输入量 X_i 的估计值为 x_i，则有

$$Y = f(x_1, x_2, \cdots, x_N) \tag{6-4}$$

在式（6-1）中，大写字母表示的量的符号既代表可测的量，也代表随机变量。当 X_i 具有某概率分布时，这个符号的含义就是随机变量。

在一列观测值中，第 k 个 X_i 的观测值用 X_{ik} 表示。如电阻器的电阻符号为 R，的第 k 次值表示为 R_k。

在式（6-4）中，当被测量 Y 的最佳估计值 y 是通过输入量 $X_1, X_2, \cdots, X_N$ 的估计值 $x_1, x_2, \cdots, x_N$ 得出时，可有以下两种方法：

① $$y = \bar{y} = \frac{1}{n} \sum_{k=1}^{n} y_k = \frac{1}{n} \sum_{k=1}^{n} f(x_{1,k}, x_{2,k}, \cdots, x_{N,k}) \tag{6-5}$$

式（6-5）中，y 是取 Y 的 n 次独立观测值 y_k 的算术平均值，其每个观测值 y_k 的不确定度相同，且每个 y_k 都是根据同时获得的 N 个输入量 X_i 的一组完整的观测值求得的。

② $$y = f(\bar{x}_1, \bar{x}_2, \cdots, \bar{x}_N) \tag{6-6}$$

式（6-6）中，$\bar{x}_i = \frac{1}{n} \sum_{k=1}^{n} X_{i,k}$，它是独立观测值 $X_{i,k}$ 的算术平均值。这一方法的实质是先求 X_i 的最佳估计值 $\bar{x}_i$，再通过函数关系式得出 y。

以上两种方法，当 f 是输入量 X_i 的线性函数时，它们的结果相同。但当 f 是 X_i 的非线性函数时，用式（6-5）和式（6-6）计算出 Y 的最佳估计值可能不同，而以式（6-5）的计算方法较为优越。

假如我们用输入量 A 表示长，用输入量 B 表示宽，由面积公式我们可得到输出量的数学模型为 $S=AB$。假设对长 A 和宽 B 分别进行了两次测量，其结果（估计值）分别为 a_1、a_2 和 b_1、b_2，则由式（6-5）可求得面积的一个最佳估计值为

$$S_1 = \frac{1}{2}(a_1b_1 + a_2b_2) \tag{6-7}$$

同样，利用式（6-6）可求得面积的另一个最佳估计值为

$$S_2 = \left(\frac{a_1+a_2}{2}\right)\left(\frac{b_1+b_2}{2}\right) = \frac{1}{4}(a_1b_1 + a_2b_2 + a_1b_2 + a_2b_1) \tag{6-8}$$

由于测量结果存在分散性，一般 $a_1 \neq a_2$，$b_1 \neq b_2$ 所以 $S_1 \neq S_2$，这时可认为式（6-5）的计算结果 S_1 更具有优越性。

在数学模型中，输入量 $X_1, X_2, \cdots, X_N$ 可以是：

①由当前直接测定的量。它们的值与不确定度可得自单一观测、重复观测、依据经验对信息的估计，并可包含测量仪器读数修正值，以及对周围温度、大气压、湿度等影响的修正值。

②由外部来源引入的量。如已校准的测量标准、有证标准物质、由手册所得的参考数据等。

x_i 的不确定度是 y 的不确定度的来源。寻找不确定度来源时，可从测量仪器、测量环境、测量人员、测量方法、被测量等方面全面考虑，应做到不遗漏、不重复，特别应考虑对结果影响大的不确定度来源。遗漏会使 y 的不确定度过小，重复会使 y 的不确定度过大。

评定 y 的不确定度之前，为确定 Y 的最佳值，应将所有修正量加入测得值，并将所有测量异常值剔除。

y 的不确定度将取决于 x_i 的不确定度，为此首先应评定 x_i 的标准不确定度 $u(x_i)$。评定方法可归纳为 A、B 两类。

6.2.2 不确定度传播律

由 $y=f(x_1, x_2, \cdots, x_N)$ 可得到输出量（被测量）Y 的估计值 y（测量结果）的不确定度为

$$u^2(y) = \left[\frac{\partial f}{\partial x_1}\right]^2 u^2(x_1) + \left[\frac{\partial f}{\partial x_2}\right]^2 u^2(x_2) + \cdots + \left[\frac{\partial f}{\partial x_N}\right]^2 u^2(x_N) + 2\sum_{i=1}^{N-1}\sum_{j=1}^{N}\left[\frac{\partial f}{\partial x_i}\right]\left[\frac{\partial f}{\partial x_j}\right]u(x_i, x_j) \tag{6-9}$$

式（6-9）称为不确定度传播律，其中 $\dfrac{\partial f}{\partial x_1}$ 称为灵敏系数，$u(x_i)$ 分别为输入量 X_i 的估计值 x_i 的标准不确定度，$u(x_i, x_j)$ 为任意两输入量估计值的协方差函数。

各输入估计值 x_i 及其标准不确定度 $u(x_i)$ 得自输入量 X_i 可能值的概率分布。此概率分布可能是基于 X_i 的观测列的频率分布，也可能是基于经验和有用信息的先验分布。标准不确定度分量的 A 类评定基于频率分布，B 类评定基于先验分布。应认识到，A、B 两类评定只是评定方法的不同，其本质是相同的。

第7章 测量不确定度的分类

根据评定时依据的信息不同，测量不确定度的评定方法分为 A 类评定和 B 类评定。

要得到测量结果，首先要确定数学模型中各输入量 x_i 的最佳估计值。确定最佳估计值的方法一般有两类：通过试验测量得到其最佳估计值，或由其他各种信息来源得到其最佳估计值。对于前者有可能采用 A 类评定的方法得到输入量的标准不确定度，而对于后者，则只能采用非统计的 B 类评定方法。

不确定度的 A 类评定是指"用对观测列进行统计分析的方法，来评定标准不确定度。"根据测量不确定度的定义，标准不确定度以标准偏差表征。实际工作中则以实验标准差 s 作为其估计值。而不确定度的 B 类评定是指"用不同于对观测列进行统计分析的方法来评定标准不确定度。"也就是说，所有与 A 类评定不同的其他方法均属于不确定度的 B 类评定，它们的标准不确定度是基于经验或其他信息的假定概率分布算的，也用标准差表征。

7.1 标准不确定度的 A 类评定

测量不确定度 A 类评定方法，是通过计算测量结果的平均值和标准差实现的。

7.1.1 等精度直接测量不确定度评定

直接测量就是利用测量仪器直接获得测量值的方法，重复性条件下的试验属于等精度测量。等精度直接测量不确定度评定的步骤如下：

1. 最佳估计量与标准不确定度评定

对同一个被测量，在重复性条件下进行 n 次测量，得到一组测量值 $(\bar{x}_1, \bar{x}_2, \cdots, \bar{x}_n)$，其样本均值和样本标准差分别为：

$$\left.\begin{array}{l} \overline{x} = \dfrac{1}{n}\sum_{i=1}^{n} x_i \\[4mm] s = \sqrt{\dfrac{1}{n-1}\sum_{i=1}^{n}(x_i - \overline{x})^2} \end{array}\right\} \tag{7-1}$$

最佳估计量为样本均值 $\overline{x}$，$\overline{x}$ 的标准差就是 x 测量结果的标准不确定度。

$$u = s_x = \frac{s}{\sqrt{n}} = \sqrt{\frac{1}{n(n-1)}\sum_{i=1}^{n}(x_i - \overline{x})^2} \tag{7-2}$$

2. 扩展不确定度评定

最佳估计量 $\overline{x}$ 的扩展不确定度由式（7-3）计算：

$$U = t_{\alpha/2}s_x = ks_x \tag{7-3}$$

式中　k——包含因子，等于自由度 $n-1$、显著性水平为 α 时的 t 分布分位数。

3. 测量结果报告

根据测量结果最佳估计值和扩展不确定度，测量结果报告可表示为：

$$\overline{x} \pm U, \quad v = n-1, \quad p = 1-\alpha \tag{7-4}$$

7.1.2　最小二乘法

当被测量 X 的估计值是由试验数据通过最小二乘法拟合的直线或曲线得到时，则任意预期的估计值，或拟合曲线参数的标准不确定度均可以利用已知的统计程序计算得到。

一般说来，若寻求两个物理量 X 和 Y 之间的关系问题，且估计值 x 和 y 之间有线性关系 $y = a + bx$。对 x 和 y，独立测得 n 组数据，其结果为 (x_1, y_1)，(x_2, y_2)，…，(x_n, y_n)，且 $n > 2$。同时假定 x 的测量不确定度远小于 y 的测量不确定度［即 x 的测量不确定度 $u(x)$ 可以忽略不计］，则可利用最小二乘法得到参数 a，b（拟合直线方程的截距和斜率）以及它们的标准不确定度 $u(a)$ 和 $u(b)$。

由于测得的 y_i 存在误差，因而通常 $y_i \neq a + bx_i$，于是 $y = a + bx$ 的误差方程可以写为

$$V_1 = y_1 - (a + bx_1)$$
$$V_2 = y_2 - (a + bx_2)$$
$$\vdots$$
$$V_n = y_n - (a + bx_n)$$

将上列各等式两边平方后相加，可得残差 V_i 的平方和为

$$\sum_{i=1}^{n} v_i^2 = \sum_{i=1}^{n}\left[y_i - (a + bx_i)\right]^2 \tag{7-5}$$

为使 $\sum\limits_{i=1}^{n} v_i^2$ 达到最小值，必须使上式对 a 和 b 的偏导数同时为零。于是由

$$\frac{\partial \sum\limits_{i=1}^{n} v_i^2}{\partial a} = 0 \text{ 和 } \frac{\partial \sum\limits_{i=1}^{n} v_i^2}{\partial b} = 0 \text{ 可得}$$

$$\frac{\partial \sum\limits_{i=1}^{n} \left[y_i - (a + bx_i) \right]^2}{\partial a} = -2 \sum_{i=1}^{n} (y_i - a - bx_i) = 2na + 2nb\bar{x} - 2n\bar{y} = 0$$

和 $\dfrac{\partial \sum\limits_{i=1}^{n} \left[y_i - (a + bx_i) \right]^2}{\partial b} = -2 \sum\limits_{i=1}^{n} \left[(y_i - a - bx_i)x_i \right] = 2na\bar{x} + 2b \sum\limits_{i=1}^{n} x_i^2 -$

$2 \sum\limits_{i=1}^{n} x_i y_i = 0$

故得联立方程：

$$\begin{cases} na + nb\bar{x} - n\bar{y} = 0 \\ na\bar{x} + b \sum\limits_{i=1}^{n} x_i^2 - \sum\limits_{i=1}^{n} x_i y_i = 0 \end{cases}$$

求解后得 $\qquad\qquad\qquad\qquad a = \bar{y} - b\bar{x}$ $\qquad\qquad\qquad$ (7-6)

以及 $\qquad\qquad\qquad n\bar{y} \cdot \bar{x} - nb\bar{x} \cdot \bar{x} + b \sum\limits_{i=1}^{n} x_i^2 - \sum\limits_{i=1}^{n} x_i y_i = 0$

于是

$$b = \frac{\sum\limits_{i=1}^{n} x_i y_i - n\bar{x} \cdot \bar{y}}{\sum\limits_{i=1}^{n} x_i^2 - n\bar{x} \cdot \bar{x}}$$

假设

$$S_{xy} = \sum_{i=1}^{n} (x_i - \bar{x})(y_i - \bar{y}) = \sum_{i=1}^{n} (x_i y_i - x_i \bar{y} - y_i \bar{x} + \bar{x} \cdot \bar{y}) = \sum_{i=1}^{n} x_i y_i - n\bar{x} \cdot \bar{y}$$

$$S_{xx} = \sum_{i=1}^{n} (x_i - \bar{x})^2 = \sum_{i=1}^{n} (x_i^2 - 2x_i \bar{x} + \bar{x} \cdot \bar{x}) = \sum_{i=1}^{n} x_i^2 - n \cdot (\bar{x})^2$$

最后得 $\qquad\qquad\qquad\qquad b = \dfrac{S_{xy}}{S_{xx}}$ $\qquad\qquad\qquad$ (7-7)

将 a, b 之值代回误差方程，可求得残差 v_i 和残差的平方和 $\sum\limits_{i=1}^{n} v_i^2$。于是 y 的试验标准差 $s(y)$ 为

$$s(y) = \sqrt{\dfrac{\sum\limits_{i=1}^{n} v_i^2}{n-2}} \tag{7-8}$$

通过计算参数 a 和 b 的方差, 可以得到它们的标准不确定度为

$$u(a) = s(a) = s \cdot \sqrt{\dfrac{\sum\limits_{i=1}^{n} x_i^2}{nS_{xx}}}$$

$$u(b) = s(b) = \dfrac{s}{\sqrt{S_{xx}}}$$

而参数 a 和 b 之值是由同一组测量结果计算得到的, 因此两者之间理应存在一定的相关性。由于

$$\bar{y} = a + b\bar{x}$$

对等式两边求方差后可得

$$\dfrac{s^2}{n} = V(a + b\bar{x})$$

$$= V(a) + V(b\bar{x}) + 2\sigma(a, b\bar{x})$$

$$= s^2(a) + (\bar{x})^2 s^2(b) + 2r(a,b) \cdot s(a) \cdot \bar{x}s(b)$$

$$= s^2 \cdot \dfrac{\sum\limits_{i=1}^{n} x_i^2}{nS_{xx}} + (\bar{x})2 \cdot \dfrac{s^2}{S_{xx}} + 2r(a,b) \cdot (\bar{x}) \cdot \dfrac{s^2}{S_{xx}} \cdot \sqrt{\dfrac{\sum\limits_{i=1}^{n} x_i^2}{n}}$$

于是 a 和 b 之间的相关系数为

$$r(a,b) = \dfrac{\dfrac{1}{n} - \dfrac{\sum\limits_{i=1}^{n} x_i^2}{nS_{xx}} - \dfrac{(\bar{x})^2}{S_{xx}}}{\dfrac{2\bar{x}}{S_{xx}} \cdot \sqrt{\dfrac{\sum\limits_{i=1}^{n} x_i^2}{n}}}$$

$$= \dfrac{S_{xx} - \sum\limits_{i=1}^{n} x_i^2 - n(\bar{x})^2}{2\bar{x} \cdot \sqrt{n \sum\limits_{i=1}^{n} x_i^2}}$$

$$= \dfrac{-n\bar{x}}{\sqrt{n \sum\limits_{i=1}^{n} x_i^2}}$$

1. 在 Y 轴拟合值 y_0 的标准不确定度

当对 x 进行测量, 测量值为 x_0, 并通过参数 a, b 得到拟合值 y_0 时, 可以计

算出 y_0 的标准不确定度 $u(y_0)$。

测得值 x_0 与拟合值 y_0 之间满足的关系为：

$$y_0 = a + bx_0$$

其方差 $V(y_0)$ 为：

$$V(y_0) = V(a) + x_0^2 V(b) + 2x_0 r(a,b) s(a) s(b)$$

于是，其标准不确定度 $u(y_0)$ 为：

$$u(y_0) = \sqrt{V(y_0)} = \sqrt{s^2(a) + x_0^2 s^2(b) + 2x_0 r(a,b) s(a) s(b)}$$

由于

$$2x_0 r(a,b) s(a) s(b) = 2x_0 \cdot \frac{-n\bar{x}}{\sqrt{n \sum_{i=1}^{n} x_i^2}} \cdot s \cdot \sqrt{\frac{\sum_{i=1}^{n} x_i^2}{n S_{xx}}} \cdot \frac{s}{\sqrt{S_{xx}}}$$

$$= \frac{2s^2 x_0 \bar{x}}{S_{xx}}$$

于是

$$u(y_0) = \sqrt{\frac{s^2 \cdot \sum_{i=1}^{n} x_i^2}{n S_{xx}} + \frac{s^2 x_0^2}{S_{xx}} - \frac{2s^2 x_0 \bar{x}}{S_{xx}}} = s \cdot \sqrt{\frac{S_{xx} + n(\bar{x})^2}{n S_{xx}} + \frac{x_0^2}{S_{xx}} - \frac{2x_0 \bar{x}}{S_{xx}}}$$

将上式化简，最后得

$$u(y_0) = s \sqrt{\frac{1}{n} + \frac{(x_0 - \bar{x})^2}{S_{xx}}} \tag{7-9}$$

2. 在 X 轴拟合值 x_0 的标准不确定度

当对 y 重复测量 p 次，得到 y 的平均值 y_0，并通过参数 a，b 得到拟合值 x_0 时，同时可以求出 x_0 的标准不确定度 $u(x_0)$。

$$u(x_0) = \frac{s}{b} \sqrt{\frac{1}{p} + \frac{1}{n} + \frac{(x_0 - \bar{x})^2}{S_{xx}}} \tag{7-10}$$

其推导从略。

由式（7-10）可知，通过最小二乘法得到校准曲线，并在校准曲线上得到拟合值 x_0 的不确定度除与参数 n 和 p 有关外，还与差值 $x_0 - \bar{x}$ 有关。当拟合点 x_0 与 $\bar{x}$ 越接近时，测量不确定度越小。反过来，这可以作为当初拟合校准曲线时选择测量点的依据，即所选各测量点 X 坐标的平均值 $\bar{x}$ 应尽可能接近将来要测量的拟合点 x_0。

最小二乘法经常用于对测量仪器作校准曲线。例如，化学分析中测量溶液浓度时，要对所用的原子吸收光谱仪作校准曲线。在测量材料的硬度时，也需要用

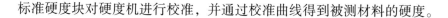

标准硬度块对硬度机进行校准，并通过校准曲线得到被测材料的硬度。

7.2　标准不确定度的 B 类评定

用不同于对观测列的统计分析来评定的标准不确定度称为 B 类标准不确定度。B 类不确定度不是根据对观测列的统计分析来评定，而是根据涉及影响量变化的全部信息来评定。

不确定度 A 类评定依据试验数据，具有客观性，与此不同，不确定度 B 类评定，要求试验人员对所依据信息的可靠性进行主观判断，因此试验人员应具有必要的理论知识和丰富的实践经验。

7.2.1　B 类标准不确定度信息的来源

获得 B 类标准不确定度信息的来源主要有：
（1）已有的观测数据；
（2）对有关技术资料和测量仪器特征的了解和经验；
（3）生产部门提供的技术说明文件；
（4）校准证书、检定证书或其他文件提供的数据；
（5）技术手册或其他资料给出的参数数据及其不确定度；
（6）测量方法标准或类似技术文件中给出的重复性限 r 或再现性限 R。

7.2.2　评定 B 类不确定度的要点

B 类不确定度是根据现有信息提供的结果来进行评定的，但 B 类不确定度也是需要用数值进行表示的，利用有关信息合理地评定 B 类不确定度的要点如下：

1. 判断所依据信息的可靠性，并对方差 $u^2(x_i)$ 进行估计。

根据所依据的信息类型，B 类标准不确定度评定时方差 $u^2(x_i)$ 的估计方法有以下几种：

（1）现有信息（说明书、校准证书、技术手册或其他资料）明确给出了扩展不确定度为 $U = ks_x$，并指明了包含因子 k 的大小，那么，方差 $u^2(x_i)$ 可由式（7-11）计算：

$$u^2(x_i) = (U/k)^2 \tag{7-11}$$

（2）现有信息（说明书、校准证书、技术手册或其他资料）以置信水平为 $1 - \alpha$ 时的置信区间半宽给出了扩展不确定度为 U，服从正态分布时，方差 $u^2(x_i)$ 可由式（7-12）计算：

$$u^2(x_i) = (U/k_p)^2 \tag{7-12}$$

式中 k_p——正态分布时的包含因子，$k_p = |\Phi^{-1}(1-\alpha)|$。

（3）现有信息（说明书、校准证书、技术手册或其他资料）说明测量数据以置信水平为 $1-\alpha$ 分布在 $[\alpha_-, \alpha_+]$ 之间，该区间的半宽度 $a = (\alpha_- + \alpha_+)/2$，服从正态分布时，方差 $u^2(x_i)$ 可由式（7-13）计算：

$$u^2(x_i) = (a/k_p)^2 \tag{7-13}$$

式中 k_p——正态分布时的包含因子，$k_p = |\Phi^{-1}(1-\alpha)|$。

（4）标准测量方法给出了重复性限 r 或再现性限 R，那么，方差 $u^2(x_i)$ 可由式（7-14）或式（7-15）计算：

$$u^2(x_i) = (r/2.83)^2 \tag{7-14}$$

$$u^2(x_i) = (R/2.83)^2 \tag{7-15}$$

2. 判断测量数据的概率分布类型

在计算扩展不确定度时，需要用到包含因子 k，包含因子 k 的取值与被测量的概率分布类型有关。测量数据的概率分布一般都采用正态分布；在缺乏任何信息的情况下，采用均匀分布较为合理；当有足够信息支持的情况下，也可采用三角形分布等其他分布形式。

正态分布情况下概率 p 与置信因子 k 之间的关系见表7-1。

表 7-1 正态分布情况下概率 p 与置信因子 k 之间的关系

p	0.50	0.68	0.90	0.95	0.9545	0.99	0.9973
k	0.675	1	1.645	1.960	2	2.576	3

常用非正态分布的置信因子 k 及 B 类标准不确定度 $u_B(x)$ 见表7-2。

表 7-2 常用非正态分布的置信因子 k 及 B 类标准不确定度 $u_B(x)$

分布类别	p（%）	k	$u_B(x)$
三角	100	$\sqrt{6}$	$a/\sqrt{6}$
梯形（$\beta = 0.71$）	100	2	$a/2$
矩形（均匀）	100	$\sqrt{3}$	$a/\sqrt{3}$
反正弦	100	$\sqrt{2}$	$a/\sqrt{2}$
两点	100	1	a

[例7-1] 在测量某一长度 l 时，估计其长度以 90% 的概率落于 10.06mm 和 10.16mm 之间，并给出最后结果为 $l = (10.11 \pm 0.05)$ mm。在证书未给出被测量分布的情况下，可假设其为正态分布，$k_{90} = 1.645$，于是其标准不确定度为

$$u(l) = \frac{U_{90}(l)}{k_{90}} = \frac{0.05\text{mm}}{1.645} = 0.030\text{mm}$$

[**例 7-2**]　数字电压表的校准证书给出 100VDC 测量点的示值误差为 $E = 0.10V$，其扩展不确定度 $U_{95}(E) = 50mV$，且指出被测量以矩形分布估计。由于矩形分布的 $k_{95} = 1.65$，于是其标准不确定度为

$$u(E) = \frac{U_{95}(E)}{k_{95}} = \frac{50mV}{1.65} = 30mV$$

7.3　A 类和 B 类评定方法的差别

7.3.1　两类评定方法的主要差别

测量不确定度按其评定方法分为 A 类评定和 B 类评定两类。就评定方法而言，两类方法的主要差别是：

（1）A 类评定首先要求由试验测量得到被测量的观测列，并根据需要由观测列计算单次测量结果或其平均值的标准偏差。而 B 类评定则是通过其他已有的信息进行评估的，故不存在重复观测列。

（2）对于 A 类评定一般先根据观测列计算出方差，然后开方得到试验标准差。而 B 类评定一般根据极限值和被测量分布的信息直接估计出标准偏差，或由检定证书或校准证书提供的扩展不确定度导出标准不确定度。

（3）A 类评定的自由度可以由测量次数、被测量的个数以及其他约束条件的个数计算出。而 B 类评定的自由度是无法直接计算的，只能根据对 B 类评定标准不确定度准确程度的估计而得到。

（4）如果就两类评定方法得到的测量不确定度而言，由于无论采用 A 类评定或 B 类评定，最后均用标准偏差来表示标准不确定度，并且在得到合成标准不确定度时，两者的合成方法完全相同，因此由两类评定方法得到的标准不确定度并无本质上差别。所谓 A 类和 B 类并不是对不确定度本身进行分类，而仅是对不确定度评定方法进行分类。

7.3.2　使用两类评定方法的注意事项

关于 A 类和 B 类两类不同类型的不确定度评定方法，应注意下述几点：

（1）不确定度依其评定方法可以分为 A 类评定和 B 类评定两类，它们与随机误差和系统误差不存在简单的对应关系。随机误差和系统误差表示两种不同性质的误差，A 类和 B 类评定表示两种不同的评定方法。不要简单地把两者对应起来，并且实际上也无法对应。

（2）测量仪器往往既存在随机影响，也存在系统影响，实际工作中有时很

难将两者加以区分。在不同的情况下，随机影响可能变为系统影响。或者从一个角度看是随机影响，从另一个角度看又是系统影响。例如工厂生产的量块，其偏差的符号和大小是随机的，但用户按级使用量块时，其影响大小却是系统性的。因此国际上一致认为，为避免混淆和误解，不再使用"随机不确定度"和"系统不确定度"的说法。如需区分不确定度的性质，应该说"由随机效应导致的不确定度分量"或"由系统效应导致的不确定度分量"。

（3）不确定度按其评定方法分为 A 类评定和 B 类评定，仅是为了讨论方便，并不表明两类评定存在任何本质上的差别。由两类评定得到的标准不确定度均具有概率意义，都同样用标准偏差来表示，因此在具体计算合成标准不确定度时，两者的合成方法是相同的。A 类评定不确定度和 B 类评定不确定度除了表明它们的获得方法不同外，两者之间并无实质上的差别。因此在测量不确定度评定中不必过分强调某一分量是属于不确定度的 A 类评定还是属于 B 类评定。

（4）A 类评定不确定度和 B 类评定不确定度在一定条件下是可以相互转化的。例如，当引用他人的某一测量结果时，可能该测量结果当初是由统计方法得到的，应属于 A 类评定不确定度，但一经引用后就可能成为 B 类评定不确定度。

（5）并不是每一次测量都同时有 A 类评定不确定度分量和 B 类评定不确定度分量。根据实际情况，可以只有 A 类评定不确定度分量，也可以只有 B 类评定不确定度分量，当然也可两者兼而有之。

（6）有些不确定度分量，根据评定方法的不同，既可以用 A 类评定来处理，也可以用 B 类评定来处理。

例如，若检定规程规定某仪器的示值稳定性应不大于 ±0.03μm，在考虑由该仪器的示值不稳定所引入的不确定度分量时就可能有两种办法。可在短时间内连续重复测量若干次，然后用统计方法（例如贝塞尔法）计算试验标准差，即可以用 A 类评定的方法得到该分量的标准不确定度。但我们也可以用另一种方法来进行评定，将检定规程所规定的 ±0.03μm 看作为仪器所允许的最大示值变化，若假定在该范围内等概率分布，则可以得到由示值稳定性导致的标准不确定度为：

$0.03\mu m/\sqrt{3} = 0.017\mu m$，显然这是 B 类评定。在这种情况下，在合成标准不确定度 $u_c(y)$ 中只能包含其中的一个。两者之中应该选取哪一个，应具体问题具体分析，但一般可以选取两者中较大者。

（7）在重复性条件下通过测量列并用 A 类评定得到的不确定度，通常比其他评定方法更为客观，并具有统计学上的严格性，但要求有充分多的测量次数，并且这些重复观测值应相互独立。

（8）实际进行测量不确定度评定时，应该首先列出所有影响测量不确定度的输入量，然后再依次判断并确定各输入量的标准不确定度的评定方法。不要刻意去寻找 A 类评定不确定度分量，因为有时可能根本不存在 A 类评定的不确定度分量。

笔者看到过不少不确定度评定的实例，它们在对所有的不确定度分量评定后，最后总要习惯性地将多次测量结果的散发作为一项 A 类评定分量而进入 $u_c(y)$。这种做法是值得推敲的。因为如果某种效应导致的不确定度已作为一个分量进入 $u_c(y)$ 时，它就不应该再被包含在其他的分量中，特别是当该分量是主要分量时。

因此在进行不确定度分量的 A 类评定时，必须仔细地考虑应在何种重复性条件下进行测量，稍有不慎就可能出现遗漏或重复计算某些测量不确定度分量的情况。不遗漏，也不重复计算每一个有影响的不确定度分量是进行测量不确定度评定的主要原则之一。只要某一个不确定度来源在 B 类评定中已经考虑过，在原则上它就不应该再包含在 A 类评定中。

7.4 灵敏系数和不确定度分量

根据各输入量的标准不确定度 $u(x_i)$，以及由数学模型或实际测量得到的灵敏系数 c_i，就可以得到对应于各输入量的标准不确定度分量 $u_i(y)$ 见式（7-16）：

$$u_i(y) = c_i u(x_i) \tag{7-16}$$

灵敏系数 c_i 可由数学模型对输入量 x_i 求偏导数而得到，见式（7-17）：

$$c_i = \frac{\partial y}{\partial x_i} \tag{7-17}$$

灵敏系数 c_i 描述对应于该输入量中 x_i 的不确定度分量 $u_i(y)$ 是如何随输入量的标准不确定度 $u(x_i)$ 而改变的。或者说它描述被测量的估计值 y 是如何随输入量估计值 x_i 而改变的。

当无法得到灵敏系数的可靠数学表达式时，灵敏系数 c_i 也可以由试验测量得到。在数值上它等于输入量 x_i 变化一个单位量时，被测量 y 的变化量。在通过试验测量灵敏系数 c_i 时，应在保持其余各输入量不变的条件下将所考虑的输入量 x_i 改变一个小量，并同时测量被测量 y 的变化，后者与前者的比值即为灵敏系数 c_i。输入量 x_i 改变量的大小，应根据具体情况适当选择。原则上是越小越好，这样可以避免可能的非线性带来的影响。但若改变量过小，则测得的灵敏系数 c_i 的不确定度会增大。

当被测量是通过对其他量的测量而计算得到时，输入量的标准不确定度 $u(x_i)$ 和对应于各输入量的标准不确定度分量 $u_i(y)$ 可能具有不同的量纲，此时灵敏系数不等于 1。在简单的直接测量情况下两者的量纲相同，且灵敏系数等于 1，此时输入量的标准不确定度 $u(x_i)$ 等于对应于各输入量的标准不确定度分量 $u_i(y)$。

黑箱模型的灵敏系数等于 1。

当数学模型为非线性模型时，通过对数学模型求偏导数而得到的灵敏系数 c_i 的表示式中将包含输入量，此时，灵敏系数 c_i 表示式中的输入量原则上应取其数学期望值。

第8章　计算合成标准不确定度

由在一个测量模型中，各输入量的标准不确定度获得的输出量的标准不确定度称为合成标准不确定度。它是由各标准不确定度分量合成得到的，不论各输入量的标准不确定度是由 A 类评定还是由 B 类评定得到的。

8.1　不确定度传播律及其简化公式

8.1.1　不确定度传播律

当被测量 Y 是由 N 个其他量 X_1，X_2，$\cdots$，X_N 通过测量函数 f 确定时，被测量的估计值 y 为：

$$y = f(x_1, x_2, \cdots, x_N)$$

被测量估计值 y 的合成标准不确定度 $u_c(y)$ 按式（8-1）计算。

$$u_c(y) = \sqrt{\sum_{i=1}^{N} \left[\frac{\partial f}{\partial x_i}\right]^2 u^2(x_i) + 2 \sum_{i=1}^{N-1} \sum_{j=i+1}^{N} \frac{\partial f}{\partial x_i} \frac{\partial f}{\partial x_j} r(x_i, x_j) u(x_i) u(x_j)} \quad (8\text{-}1)$$

式中　y——输出量的估计值，即被测量 Y 的估计值；

x_i，x_j——第 i 个和第 j 个输入量的估计值，$i \neq j$；

　　N——输入量的数量；

$\dfrac{\partial f}{\partial x_i}$——测量函数对于第 i 个输入量 X_i 在估计值 x_i 点的偏导数，称为灵敏系

　　　数，也可用符 c_i；

$u(x_i)$——输入量 x_i 的标准不确定度；

$u(x_j)$——输入量 x_j 的标准不确定度；

$r(x_i, x_j)$——输入量 x_i 与 x_j 的相关系数估计值；

$r(x_i, x_j) u(x_i) u(x_j)$——输入量 x_i 与 x_j 的协方差估计值：$r(x_i, x_j) u(x_i) u(x_j) = u(x_i, x_j)$

式（8-1）称为不确定度传播律，该式采用方差合成，是 GUM 法中计算合成标准不确定度的通用公式。当输入量间不相关时，没有根号中的第 2 项；当输入量间相关时，需要考虑它们的协方差。

8.1.2 不确定度传播律的简化公式

在实际评定中，不确定度传播律公式（8-1）可简化为：

（1）当各输入量间不相关时，即相关系数 $r(x_i, x_j) = 0$ 时，被测量估计值的合成标准不确定度 $u_c(y)$ 计算公式简化为式（8-2）：

$$u_c(y) = \sqrt{\sum_{i=1}^{N} \left(\frac{\partial f}{\partial x_i} \right)^2 u^2(x_i)} \tag{8-2}$$

（2）若设 $u_i(y) = \dfrac{\partial f}{\partial x_i} u(x_i)$，$u_i(y)$ 是相应于 $u(x_i)$ 的输出量 y 的标准不确定度分量，当输入量不相关，即 $r(x_i, x_j) = 0$ 时，式（8-2）可简化为式（8-3）：

$$u_c(y) = \sqrt{\sum_{i=1}^{N} u_i^2(y)} \tag{8-3}$$

（3）如果被测量 X 是由测量仪器直接测量，其被测量与影响量间写不出函数关系，测量模型为 $y = x$ 时，经过不确定度分析，有明显影响的不确定度来源有 N 个，也就是判定有 N 个不确定度分量 u_i，且各不确定度分量间不相关，各个不确定度分量影响被测量估计值的灵敏程度可以假定为一样，则合成标准不确定度 u_c 可按式（8-4）计算：

$$u_c = \sqrt{\sum_{i=1}^{N} u_i^2} \tag{8-4}$$

式中　u_i——第 i 个标准不确定度分量；

　　　N——标准不确定度分量的数量。

例如，用卡尺测量工件的长度，测得值 y 就是卡尺上的读数 x。要分析用卡尺测量长度时影响测得值的各种不确定度来源，如卡尺的不准、温度的影响等。这种情况下，应注意将测量不确定度分量的计量单位折算到被测量的计量单位。例如温度对长度测量的影响导致长度测得值的不确定度，应该将温度的变化折算到长度的变化（如通过被测件材料的温度系数计算或通过试验等）。

（4）当被测量的测量模型为：$Y = A_1 X_1 + A_2 X_2 + \cdots + A_N X_N$，且各输入量间不相关时，合成标准不确定度 $u_c(y)$ 可按式（8-5）计算：

$$u_c(y) = \sqrt{\sum_{i=1}^{N} A_i^2 u(x_i)} \tag{8-5}$$

（5）被测量的测量模型为 $Y = AX_1^{p_1}X_2^{p_2}\cdots X_N^{p_N}$，且各输入量间不相关时，合成标准不确定度 $u_c(y)$ 按式（8-6）计算：

$$\frac{u_c(y)}{|y|} = \sqrt{\sum_{i=1}^{N}\left[P_i u(x_i)/x_i\right]^2} \tag{8-6}$$

当上述测量模型中 P_i 为 1，即 $Y = A(X_1 X_2 \cdots X_N)$ 且各输入量间不相关时，输出量的相对合成标准不确定度是各输入量的相对合成标准不确定度的方和根值，见式（8-7）：

$$u_r(y) = \frac{u_c(y)}{|y|}\sqrt{\sum_{i=1}^{N}\left[u(x_i)/x_i\right]^2} = \sqrt{\sum_{i=1}^{N}u_r^2(x_i)} \tag{8-7}$$

注：测量模型为 $Y = AX_1^{p_1}X_2^{p_2}\cdots X_N^{p_N}$ 时，实际上测量函数是非线性函数，通过等号前后分别取自然对数，得到输出量与输入量估计值之间的测量模型为 $\ln y = \ln A + (P_1\ln x_1 + P_2\ln x_2 + \cdots + P_N\ln x_N)$，设 $y' = \ln y$，$x_i' = \ln x_i$ 即 $y' = A' + (P_1 x_1' + P_2 x_2' + \cdots + P_N x_N')$，测量模型转化成了线性模型 y' 的合成标准不确度为：

$$u_c(y') = \sqrt{\left[P_1 u(x_1')\right]^2 + \left[P_2 u(x_2')\right]^2 + \cdots \left[P_N u(x_N')\right]^2}$$

由于 $u_c(y') = u_c(\ln y) = \dfrac{\partial(\ln y)}{\partial y}u_c(y) = \dfrac{u_c(y)}{|y|}$，同样，$u(x_i') = \dfrac{u(x_i)}{|x_i|}$，得到：

$$\frac{u_c(y)}{|y|} = \sqrt{\sum_{i=1}^{N}\left[P_i u(x_i)/x_i\right]^2} \tag{8-8}$$

（6）当所有输入量都相关，且相关系数为 +1 时，合成标准不确定度 $u_c(y)$ 按式（8-9）计算：

$$\frac{u_c(y)}{|y|} = \left|\sum_{i=1}^{N}\frac{\partial f}{\partial x_i}u(x_i)\right| \tag{8-9}$$

当所有输入量都相关，且相关系数为 +1，灵敏系数为 1 时，合成标准不确定度 $u_c(y)$ 按式（8-10）计算：

$$u_c(y) = \sum_{i=1}^{N}u(x_i) \tag{8-10}$$

例如，测量模型为 $y = x_1 + x_2$，且 x_1 与 x_2 正强相关，$r(x_1,x_2) = +1$，则按照不确定度传播律，输出量 y 的合成标准不确定度为：

$$u_c(y) = \sqrt{u^2(x_1) + u^2(x_2) + 2u(x_1)u(x_2)} = u(x_1) + u(x_2) \tag{8-11}$$

由此可见，当输入量都正强相关时，合成标准不确定度是各输入量准不确定度分量的代数和。

8.2 测量函数为非线性时合成标准不确定度的计算

8.2.1 灵敏系数

1. 灵敏系数的定义

当被测量用测量函数形式表示时，在合成标准不确定度的计算公式中的偏导数 $\dfrac{\partial f}{\partial x_i}$ 称为灵敏系数，也用 c_i 表示。灵敏系数是函数在输入量的估计值点的导数，一阶导数是表示曲线在这些估计值点的斜率。被测量 y 的标准不确定度分量 $u_i(y)$ 等于 $\left|\dfrac{\partial f}{\partial x_i}\right|u(x_i)$，即 $|c_i|u(x_i)$，它是灵敏系数与输入量的标准不确定度的乘积。

2. 灵敏系数的作用

（1）灵敏系数反映了输入量 x_i 的标准不确定度 $u(x_i)$ 对输出量标准不确定度 $u_i(y)$ 的影响程度，或者说是灵敏程度。即使输入量 x_i 的不确定度 $u(x_i)$ 很大，但若灵敏系数很小，那么 $u_i(y)=|c_i|u(x_i)$ 也不大，即 $u(x_i)$ 最终对 $u_c(y)$ 的影响不大。有些情况下，$u(x_i)$ 相比而言并不算大，但由于灵敏系数大而结果会影响较大。

在有关测量的科研项目的方案论证中，预估各不确定度分量及其灵敏系数是很重要的，它将有助于有目标地采取措施减小测量不确定度。

（2）灵敏系数是有单位的量值，其作用是可以将输入量的单位转化为输出量的单位。例如温度对电阻阻值的影响，温度 t 的单位为℃，而电阻 R 的单位为 Ω，灵敏系数的单位为 $\Omega/℃$，因此温度的不确定度乘以灵敏系数后就转换成输出量电阻的不确定度了。

3. 灵敏系数的获得

（1）当输入量与输出量之间的关系用函数形式表示时，灵敏系数 c_i 通常是对测量函数 f 在 $X_i=x_i$ 处取偏导数得到。

（2）有些情况下，被测量与影响量间的关系难以用函数关系表示或测量模型太复杂，灵敏系数难以通过测量函数 f 求偏导计算得到，可以用实验确定，即采用变化一个特定的 X_i，测量出由此引起的 Y 的变化。

（3）在简单直接测量中往往假设各不确定度分量的灵敏系数均为 1。

8.2.2 测量函数为非线性时合成标准不确定度的计算

当测量函数为非线性，且各输入量间均不相关时通常可以由泰勒级数展开，略去高阶项后成为近似的线性测量模型，按式（8-2）计算合成标准不确定度。

当测量函数为明显非线性时，在 $u_c(y)$ 的表达式中不能忽略泰勒级数展开中的高阶项，当每个输入量 X_i 都对其估计值对称分布且各输入量间均不相关时，考虑高阶项后的 $u_c(y)$ 可按式（8-12）计算：

$$u_c(y) = \sqrt{\sum_{i=1}^{N}\frac{\partial f}{\partial x_i}^2 u^2(x_i) + \sum_{i=1}^{N}\sum_{j=1}^{N}\left[\frac{1}{2}\left(\frac{\partial^2 f}{\partial x_i \partial x_j}\right) + \frac{\partial f}{\partial x_i}\frac{\partial^3 f}{\partial x_i \partial x_j^2}\right]u^2(x_i)u^2(x_j)}$$

(8-12)

8.3 关于协方差和相关系数的估计

在合成标准不确定度的评定中，各标准不确定度分量的相关性是值得考虑和重视的问题。如果我们将明显相关的分量作了不相关处理，将使评定的合成标准不确定度偏小。

8.3.1 协方差的估计方法

（1）两个输入量的估计值 x_i 与 x_j 的协方差在以下情况时可取为零或忽略不计：

①x_i 和 x_j 中任意一个量可作为常数处理；

②在不同实验室用不同测量设备、不同时间测得的量值；

③独立测量的不同量的测量结果。

（2）用同时观测两个量的方法确定协方差估计值：

设 x_{ik}，x_{jk} 分别是 X_i 及 X_j 的测得值；下标 k 为测量次数$(k=1,2,\cdots,n)$；$\bar{x}_i$，$\bar{x}_j$ 分别为第 i 个和第 j 个输入量的测得值的算术平均值；两个重复同时观测的输入量 $\bar{x}_i$，$\bar{x}_j$ 的协方差估计值 $u(x_i,x_j)$ 可由式（8-13）确定：

$$u(x_i,x_j) = \frac{1}{n-1}\sum_{k=1}^{n}(x_{ik}-\bar{x}_i)(x_{jk}-\bar{x}_j)$$

(8-13)

例如，一个振荡器的频率与环境温度可能有关，则可以把频率和环境温度作为两个输入量，同时观测每个温度下的频率值，得到一组 t_{ik}，f_{jk} 数据，共观测 n 组。由式（8-13）可以计算它们的协方差。如果协方差为零，说明频率与温度无关；如果协方差不为零，就显露出它们间的相关性。

两个算术平均值 $\bar{x}_i$，$\bar{x}_j$ 的协方差估计值由式（8-14）确定：

$$u(\bar{x}_i,\bar{x}_j) = \frac{1}{n(n-1)}\sum_{k=1}^{n}(x_{ik}-\bar{x}_i)(x_{jk}-\bar{x}_j)$$

(8-14)

（3）当两个量均因与同一个量有关而相关时，协方差的估计方法如下：

如果得到两个输入量的估计值 x_i 和 x_j 时，是使用了同一个测量标准测量仪器或参考数据或采用了相同的具有相当大不确定度的测量方法，则 x_i 和 x_j 是相关的。它们的协方差估计方法如下：

$$设\ x_i = F(q)\ ,\quad x_j = G(q)$$

式中，q 是使 x_i 与 x_j 相关的变量 Q 的估计值；F，G 分别表示两个量与 q 的测量函数。则 x_i 与 x_j 的协方差按式（8-15）计算：

$$u(x_i, x_j) = \frac{\partial F}{\partial q} \frac{\partial G}{\partial q} u^2(q) \tag{8-15}$$

如果有多个变量使 x_i 与 x_j 相关。设 $x_i = F(q_1, q_2, \cdots, q_L)$，$x_j = G(q_1, q_2, \cdots, q_L)$，测得的协方差按式（8-16）计算：

$$u(x_i, x_j) = \sum_{k=1}^{L} \frac{\partial F}{\partial q_k} \frac{\partial G}{\partial q_k} u^2(q_k) \tag{8-16}$$

8.3.2　相关系数的估计方法

（1）根据对 x_i 和 x_j 两个量同时观测的 n 组测量数据，相关系数的估计值按式（8-17）计算：

$$r(x_i, x_j) = \frac{\sum_{k=1}^{n} (x_{ik} - \overline{X}_i)(x_{ik} - \overline{X}_i)}{(n-1)s(x_i)s(x_j)} \tag{8-17}$$

式中　$s(x_i)$，$s(x_j)$——x_i 和 x_j 的实验标准偏差。

（2）如果两个输入量估计值 x_i 和 x_j 是相关的，并且 x_i 变化 δ_j 会使 x_j 产生 δ_j 的变化，则 x_i 和 x_j 的相关系数可用经验公式（8-18）近似估计：

$$r(x_i, x_j) \approx \frac{u(x_i)\delta_j}{u(x_j)\delta_i} \tag{8-18}$$

式中　$u(x_i)$，$u(x_j)$——x_i 和 x_j 的标准不确定度。

8.3.3　去除相关性的方法

在某些情况下对于两个相关的量，可以采用适当的方法去除其相关性。

1. 将引起相关的量作为独立的附加输入量进入测量模型

例如，在确定被测量 Y 时，用某温度计来确定输入量 X_i 估计值的温度修正值 x_i，并用同一温度计来确定另一个输入量 X_j 估计值的温度修正值 x_j，这两个温度修正值 x_i 和 x_j 就明显相关了。也就是说，x_i 和 x_j 都与温度有关，$x_i = F(T)$，$x_j = G(T)$。由于用同一个温度计测量，如果该温度计示值偏大，两者的修正值会同时受影响，所以在测量模型为 $y = f(x_i, x_j)$ 中的两个输入量 x_i 和 x_j 是相关的。

然而，只要将 $x_i = F(T)$，$x_j = G(T)$ 代入测量模型中，新的测量模型中就增加了温度 T 作为独立的附加输入量，即 $y = f(x_i, x_j, T)$，在这个测量模型中 T、x_i、x_j 相互间均不相关了。则在计算合成标准不确定度时就不须再引入 x_i 与 x_j 的协方差或相关系数了。

2. 采取有效措施变换输入量

例如，在量块校准中，校准值的不确定度分量中包括标准量块的温度 θ_s 及被校量块的温度 θ 两个输入量，即 $L = f(\theta_s, \theta, \cdots)$。由于两个量块处在同一实验室的测量装置上，温度 θ_s 与 θ 是相关的。但只要将 θ 变换成 $\theta = \theta_s + \delta\theta$，这样就把被校量块和标准量块的温度差 $\delta\theta$ 与标准量块的温度 θ_s 作为两个输入量，这两个输入量间就不相关了，即 $L = f(\theta_s, \delta\theta, \cdots)$ 中 θ_s 与 $\delta\theta$ 不相关。

3. 根据经验或常识判断

常有一些影响量，如环境温度、大气压力和湿度等，估计它们引起的输入量间的相关程度时，特别要以经验和常识为基础。在许多情况下，这种影响量的影响与基本独立输入量是不相关的。

注：各个实验室的测量仪器都是溯源到国家计量基准的，但当仅由国家基准或各级计量标准对该测量仪器做出合格判定时，才可以认为各实验室的测得值间是不相关的。当若干个测量仪器都由同一个上级计量标准进行校准，则这些校准值间是相关的。

8.4　合成标准不确定度的有效自由度

合成标准不确定度 $u_c(y)$ 的自由度称为有效自由度，用符号 ν_{eff} 表示。它说明了评定的 $u_c(y)$ 的可靠程度，ν_{eff} 越大，评定的 $u_c(y)$ 越可靠。

8.4.1　有效自由度的要求

JJF 1059.1—2012 规定，在以下情况时需要计算有效自由度 ν_{eff}：

（1）当需要评定 U_p 时，为求得 k_p 而必须计算 $u_c(y)$ 的有效自由度 ν_{eff}；

（2）当用户为了解所评定的不确定度的可靠程度而提出要求时，应计算并给出有效自由度。

8.4.2　有效自由度的计算

当合成标准不确定度为 $u_c(y) = \sqrt{\sum_{i=1}^{N} c_i^2 u^2(x_i)} = \sqrt{\sum_{i=1}^{N} u^2(y)}$，若各不确定

度分量间相互独立，输出量 y 接近正态分布或 $(y-Y)/u_c(y)$ 的分布可以用 t 分布近似时，合成标准不确定度的有效自由度通常可按式（8-19）计算，此式称为韦尔奇萨特思韦特（Welch-Satterthwaite）公式：

$$\nu_{eff} = \frac{u_c^4(y)}{\sum_{i=1}^{N} \frac{u_i^4(y)}{\nu_i}} \tag{8-19}$$

且

$$\nu_{eff} \leqslant \sum_{i=1}^{N} \nu_i$$

式中　$u_c(y)$——被测量的估计值 y 的合成标准不确定度；

　　　$u_i(y)$——被测量的估计值 y 的不确定度分量；

　　　　N——不确定度分量的个数；

　　　　ν_i——各不确定度分量的自由度；

　　　ν_{eff}——合成标准不确定度 $u_c(y)$ 的有效自由度。

当测量模型为 $Y = AX_1^{P_1} X_2^{P_2} \cdots X_N^{P_N}$，各不确定度分量间相互独立，且输出量接近正态分布或 $(y-Y)/u_c(y)$ 的分布可以用 t 分布近似时，有效自由度可用相对标准不确定度的形式计算，见公式（8-20）：

$$\nu_{eff} = \frac{\left[u_c(y)/y \right]^4}{\sum_{i=1}^{N} \frac{\left[P_i u(x_i)/x_i \right]}{\nu_i}} \tag{8-20}$$

实际计算中，得到的有效自由度 ν_{eff} 不一定是一个整数。如果不是整数，可以采用内插法或将 ν_{eff} 的数字舍去小数部分取整。

例如：若计算得到 $\nu_{eff} = 12.85$，则取 $\nu_{eff} = 12$。

如果在测量不确定度评定时，分别处理由 A 类评定和 B 类评定得到的标准不确定度，输出量的合成方差为 $u_c^2(y) = u_{cA}^2(y) + u_{cB}^2(y)$ 时，可分别计算出 ν_{effA} 和 ν_{effB}。

此时，可用 ν_{effA} 和 ν_{effB} 分别表明 A 类评定和 B 类评定得到的标准不确定度对 $u_c(y)$ 的贡献，即

$$\frac{u_c^4(y)}{\nu_{eff}} = \frac{u_{cA}^4}{\nu_{effA}} + \frac{u_{cB}^4}{\nu_{effB}} \tag{8-21}$$

8.4.3　有效自由度计算举例

设 $Y = (X_1, X_2, X_3) = bX_1 X_2 X_3$，其中 X_1，X_2，X_3 的估计值 x_1，x_2，x_3 分别是 n_1，n_2，n_3 次测量的算术平均值，$n_1 = 10$，$n_2 = 5$，$n_3 = 15$。它们的相对标准不确定度分别为：$u(x_1)/x_1 = 0.25\%$，$u(x_2)/x_2 = 0.57\%$，$u(x_3)/x_3 = 0.82\%$。在这

种情况下，计算如下：

$$\frac{u_c(y)}{y} = \sqrt{\sum_{i=1}^{N} \left[P_i u(x_i)/x_i \right]^2} = \sqrt{\sum_{i=1}^{N} \left[u(x_i)/x_i \right]^2} = 1.03\%$$

$$\nu_{eff} = \frac{1.03^4}{\dfrac{0.25^4}{10-1} + \dfrac{0.57^4}{5-1} + \dfrac{0.82^4}{15-1}} = 19.0 = 19$$

8.4.4　合成标准不确定度计算举例

[例]　一台数字电压表的技术说明书中说明："在仪器校准后的两年内，示值的最大允许误差为 ± （$14 \times 10^{-6} \times$ 读数 $+2 \times 10^{-6} \times$ 量程）"，在校准后的 20 个月时，在 1V 量程上测量电压 V，一组独立重复观测值的算术平均值为 $\overline{V} = 0.928571V$，其重复性导致的标准不确定度由 A 类评定得到：$u_A(\overline{V}) = 12\mu V$。求该电压测量结果的合成标准不确定度，

解：测量模型为 $y = \overline{V}$

测量不确定度评定如下：

（1）由重复性导致的标准不确定度分量用 A 类方法评定：

$$u_A(\overline{V}) = 12\mu V$$

（2）由所用数字电压表不准引入的标准不确定度分量，用 B 类方法评定：

读数：$\overline{V} = 0.928571V$，量程：1V，

区间半宽度：$a = 14 \times 10^{-6} \times 0.928571V + 2 \times 10^{-6} \times 1V = 15\mu V$，

假设可能值在区间内为均匀分布，$k = \sqrt{3}$，则

$$u_B(\overline{V}) = \frac{a}{k} = \frac{15\mu V}{\sqrt{3}} = 8.7\mu V$$

（3）合成标准不确定度：

由于上述两个分量不相关，合成标准不确定度为

$$u_c(y) = \sqrt{u_A^2(\overline{V}) + u_B^2(\overline{V})}$$

$$= \sqrt{(12\mu V)^2 + (8.7\mu V)^2} = 15\mu V$$

所以，电压测量结果为：最佳估计值 0.928571V，其合成标准不确定度为 $15\mu V$。

第9章　扩展不确定度

　　JJF 1059—2012 规定，除计量学基础研究、基本物理常数测量以及复现国际单位制单位的国际比对可以仅给出合成标准不确定度外，其余绝大部分测量均要求给出测量结果的扩展不确定度。扩展不确定度 U 等于合成标准不确定度 u_c 与包含因子 k 的乘积。因此必须先确定被测量 y 可能值分布的包含因子 k，而其前提是确定被测量 Y 可能值的分布。

9.1　被测量 Y 可能值的分布及其判定

9.1.1　被测量 Y 可能值的分布

　　被测量 Y 的分布是由所有各输入量 X_i 的影响综合而成的，因此它与数学模型以及各分量的大小及其输入量的分布有关。对于不同的被测量，输入量以及数学模型各不相同，因此要给出一个确定被测量 Y 分布的通用模式几乎不可能，一般只能根据具体情况来判断被测量 Y 可能接近于何种分布。

　　姑且先不论如何判断被测量 Y 的分布，仅就其判断结论而言，只有三种可能性：

　　（1）可以判断被测量 Y 接近于正态分布；

　　（2）被测量 Y 不接近于正态分布，但可以判断被测量 Y 接近于某种其他的已知分布，如矩形分布、三角分布、梯形分布等；

　　（3）以上两种情况均不成立，即无法判断被测量 Y 的分布。

　　对于上述三种情况应分别采用不同的方法来确定包含因子 k 值。

9.1.2　被测量 Y 可能值的分布的判定

　　1. 被测量 Y 的分布接近于正态分布的判定——中心极限定理

　　在统计数学中，凡采用极限方法所得出的系列定理，习惯统称极限定理。由

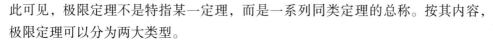

此可见，极限定理不是特指某一定理，而是一系列同类定理的总称。按其内容，极限定理可以分为两大类型。

第一种类型的极限定理，是阐述在什么样的条件下，随机事件有接近于 0 或 1 的概率。也就是说，是证明在什么样的条件下，随机事件可以转化为不可能事件或必然事件。有关这一类定理统称为大数定理。

第二种类型的极限定理，是阐述在什么样的条件下，随机变量之和的分布接近于正态分布。也就是说，是证明在什么样的条件下，随机变量之和的分布可以转化为正态分布。有关这一类定理统称为中心极限定理。

中心极限定理是概率论的基本极限定理之一，它扩展了正态分布的实用范围。简单地说，中心极限定理可以叙述为：如果一个随机变量是大量相互独立的随机变量之和，则不论这些独立随机变量具有何种类型的分布，该随机变量的分布近似于正态分布。随着独立随机变量个数的增加，它们的和就越接近于正态分布。当这些随机变量的大小相互越接近，所需的独立随机变量个数就越少。在扩展不确定度的评定中，将涉及如何用中心极限定理来判断被测量 Y 是否服从或接近正态分布。

应用中心极限定理可得到下述主要推论：

（1）如果 $Y = \sum_{i=1}^{n} c_i X_i$，即被测量 Y 是各输入量 X_i 的线性函数，且各 X_i 均为正态分布并相互独立，则 Y 服从正态分布。也就是说，正态分布的线性叠加仍是正态分布。

（2）即使 X_i 不是正态分布，根据中心极限定理，只要 Y 的方差 $\sigma^2(Y)$ 比各输入量 X_i 的分量的方差 $c_i^2 \sigma^2(X_i)$ 大得多，或各分量的方差 $c_i^2 \sigma^2(X_i)$ 相互接近，则 Y 近似地满足正态分布。

（3）若在相同条件下对被测量 Y 作多次重复测量（m 次），并取平均值作为被测量的最佳估计值，即 $\bar{y} = \dfrac{\sum_{i=1}^{m} y_i}{m}$。此时不论 Y 为何种分布，随测量次数 m 趋于无限大，$\bar{y}$ 的分布趋于正态分布。

现举例来说明上述中心极限定理。若被测量 Y 是三个等宽度的矩形分布的叠加，且每个矩形分布的半宽度均为 a，由于矩形分布的包含因子 $k = \sqrt{3}$，其标准偏差为 $\sigma^2 = \dfrac{a^2}{3}$，于是合成方差为

$$\sigma^2(y) = \frac{a^2}{3} + \frac{a^2}{3} + \frac{a^2}{3} = a^2 \tag{9-1}$$

对三个矩形分布分量进行卷积，可得置信概率为 95% 和 99% 的区间分别为

1.973σ 和2.379σ。而对于标准偏差为 σ 的正态分布，相应的区间分别为1.960σ 和2.576σ。由此可见三个等宽度的矩形分布之和已十分接近于正态分布。

即使对于非线性数学模型 $y = (x_1, x_2, \cdots, x_n)$，只要其泰勒级数展开式的一阶近似成立，即满足不确定度传播定律：

$$\sigma^2(y) = \sum_{i=1}^{n} c_i^2 \sigma^2(x_i) \tag{9-2}$$

则仍可以得到下述推论：

(1) 若输入量 X_i 的个数越多，Y 就越接近于正态分布；

(2) 若各输入量 X_i 对被测量 Y 的不确定度的贡献大小 $c_i u(x_i)$ 相互越接近，则 Y 就越接近于正态分布；

(3) 为使被测量 Y 的分布与正态分布达到一定的接近程度，若各输入量 X_i 本身越接近于正态分布，则所需的输入量 X_i 的个数就越少。

2. 被测量 Y 接近于某种非正态分布的判定

当不确定度分量的数目不多，且其中有一个分量为占优势的分量，则可以判定被测量 Y 的分布接近于该占优势分量的分布。

各不确定度分量中的最大分量是否为占优势的分量可用下述方法判定。将所有不确定度分量按大小次序排列，如果第二个不确定度分量的大小与最大分量之比不超过0.3，同时所有其他分量均很小时，则可以认为第一个分量为占优势的分量。或者说，当所用其他分量的合成标准不确定度不超过最大分量的0.3倍时，可以判定最大分量为占优势的分量。对于该判定标准可以作如下分析。

假定在测量不确定度概算中，有 N 个不确定度分量。其中有一个分量是明显占优势的分量，并假定它为 $u_1(y)$，则测量结果的合成标准不确定度 $u_c(y)$ 可以表示为

$$u_c(y) = \sqrt{u_1^2(y) + u_R^2(y)} \tag{9-3}$$

式中，$u_R(y)$ 为所有其他非优势分量的合成，即

$$u_R(y) = \sqrt{\sum_{i=2}^{N} u_i^2(y)} \tag{9-4}$$

将式 (9-4) 展开，可得

$$u_c(y) = u_1(y) \sqrt{1 + \frac{u_R^2(y)}{u_1^2(y)}}$$
$$\approx u_1(y) \left[1 + \frac{1}{2} \left(\frac{u_R(y)}{u_1(y)} \right)^2 \right] \tag{9-5}$$

当条件 $\dfrac{u_R(y)}{u_1(y)} \leq 0.3$ 满足时，式 (9-5) 等式右边方括号中的第二项为

$$\frac{1}{2}\left(\frac{u_R(y)}{u_1(y)}\right)^2 \leqslant \frac{1}{2} \times 0.3^2 = 0.045 \tag{9-6}$$

也就是说，与优势分量 $u_1(y)$ 相比，所有其他分量对合成标准不确定度的影响不足 5%。对于不确定度评定来说，它对被测量分布的影响完全可以忽略。

进一步推论，若在各不确定度分量中没有任何分量是占优势的分量，但如能发现其中最大两个分量的合成为占优势的分量，即所有其他分量的合成标准不确定度与两个最大分量的合成标准不确定度之比不超过 0.3 时，则可以认为被测量的分布接近于该两个最大分量合成后的分布。例如：若两个最大分量均为矩形分布且宽度相等，则被测量接近于三角分布；若两者为宽度不等的矩形分布，则被测量接近于梯形分布。

总之，被测量 Y 接近于正态分布和接近于其他某种非正态分布是两种不同的极端情况。正态分布的判定要求不确定度分量的数目越多越好，且各分量的大小越接近越好。而其他分布的判定则要求不确定度分量的数目越少越好，且各分量的大小相差越悬殊越好。

当无法用中心极限定理判断被测量接近于正态分布，同时也没有任何一个分量或若干个分量的合成为占优势的分量，此时将无法判定被测量 Y 的分布。

9.2　确定扩展不确定度

扩展不确定度是被测量可能值包含区间的半宽度。扩展不确定度分为 U 和 U_p 两种。在给出测量结果时，一般情况下报告扩展不确定度 U。

9.2.1　扩展不确定度 U

扩展不确定度 U 由合成标准不确定度 u_c 乘包含因子 k 得到，按式（9-7）计算

$$U = k u_c \tag{9-7}$$

测量结果可用式（9-8）表示

$$Y = y \pm U \tag{9-8}$$

式中，y 是被测量 Y 的最佳估计值。被测量 y 的可能值以较高的包含概率落在 $[y-U, y+U]$ 区间内，即 $y-U \leqslant Y \leqslant y+U$，扩展不确定度 U 是该包含区间的半宽度。

包含因子 k 的值是根据 $U = k u_c$ 所确定的区间 $Y = y \pm U$ 需具有的包含概率来选取的。k 值一般取 2 或 3。

当 y 的概率分布近似为正态分布，且 $u_c(y)$ 的有效自由度较大情况下，若

$k=2$，则由 $U=2u_c$ 所确定的区间具有的包含概率约为95%。若 $k=3$，则由 $U=3u_c$ 所确定的区间具有的包含概率约为99%。

在大多数情况下，取 $k=2$，当取其他值时，应说明其来源。当给出扩展不确定度 U 时，一般应注明所取的 k 值；若未注明 k 值，则指 $k=2$。

一般情况下，取 $k=2$ 的理由是：

（1）严格来说，按照概率论正态分布时，$k=1.960$ 相应的置信概率是95%；$k=2$ 相应的置信概率是95.45%。但是实际应用时的概率分布仅仅是近似正态分布，不是严格的正态分布，而且没有必要将 k 计算到如此准确，只需要大致知道可信的程度就够了。因此通常情况下，认为取 $k=2$，包含概率为95%。

（2）取的 k 值越大，虽然可信度提高了，但意味着要使不确定度符合需求所花费的资金和人力就越高。在工程和日常应用时，包含概率在95%左右就足够了。

（3）为了使所有给出的测量结果之间能够方便地相互比较，国际上约定采用 $k=2$。在美国标准技术研究院（NST）和西欧一些国家也规定，一般情况下取 $k=2$，且未注明 k 值时是指 $k=2$。

注意：用 k 乘以 u_c 并不提供新的信息，仅仅是对不确定度的另一种表示形式。在大多数情况下，由扩展不确定度所给出的包含区间具有的包含概率是相当不确定的，不仅因为对用 y 和 $u_c(y)$ 表征的概率分布了解有限，而且因为 $u_c(y)$ 本身具有不确定度。

9.2.2 扩展不确定度 U_p

当要求扩展不确定度所确定的区间具有接近于规定的包含概率 p 时，扩展不确定度用符号 U_p 表示，当包含概率 p 为95%或99%时，分别表示为 U_{95} 和 U_{99}。

U_p 由式（9-9）获得

$$U_p = k_p u_c \tag{9-9}$$

k_p 是包含概率为 p 时的包含因子，由式（9-10）获得。

$$k_p = t_p(\nu_{eff}) \tag{9-10}$$

根据中心极限定理，当不确定度分量很多，且每个分量对被测量估计值的不确定度影响的大小差不多时，其合成分布接近正态分布，此时若以算术平均值作为被测量最佳估计值 y，通常算术平均值与其合成标准不确定度之比的概率分布可假设为缩放平移 t 分布，可以取 k 值为 t 值。t 值是随包含概率 p 和有效自由度 ν_{eff} 不同而不同的，所以写成 $t_p(\nu_{eff})$ 值。

根据合成标准不确定度 $u_c(y)$ 的有效自由度 ν_{eff} 和需要的包含概率 p 查表得到 $t_p(\nu_{eff})$ 值。该 $t_p(\nu_{eff})$ 值即包含概率为 p 时的包含因子 k_p 值。

扩展不确定度 $U_p = k_p u_c(y)$ 提供了一个具有包含概率为 p 的区间 $Y = y \pm U_p$。在给出 U_p 时，应同时给出有效自由度 ν_{eff}。

包含因子 k_p 的计算步骤是：

1. 先求得被测量估计值 y 及其合成标准不确定度 $u_c(y)$

2. 按下式计算 $u_c(y)$ 的有效自由度 ν_{eff}

$$\nu_{\text{eff}} = \frac{u_c^4(y)}{\displaystyle\sum_{i=1}^{N} \frac{c_i^4 u^4(x_i)}{\nu_i}} \tag{9-11}$$

式中 c_i——灵敏系数；

$u(x_i)$——输入量 x_i 的标准不确定度；

ν_i——$u(x_i)$ 的自由度。

当 $u(x_i)$ 由 A 类评定得到时，通过 n 次观测得到 $s(x)$ 或 $s(\bar{x})$，其自由度为 $\nu_i = n - 1$；

当 $u(x_i)$ 由 B 类评定得到时，用下式估计自由度 ν_i：

$$\nu_i \approx \frac{1}{2}\left[\frac{\Delta u(x_i)}{u(x_i)}\right]^{-2} \tag{9-12}$$

$\Delta u(x_i)/u(x_i)$ 是标准不确定度 $u(x_i)$ 的相对不确定度，是所评定的 $u(x_i)$ 的不可靠程度。例如，如果根据有关信息估计 $u(x_i)$ 的相对不确定度约为 25%，则

$$\nu_i \approx (0.25)^{-2}/2 = 8 \tag{9-13}$$

在实际工作中，B 类评定通常是根据区间 $[-a, a]$ 的信息来评定的，若可假设被测量值落在区间外的概率极小，则可认为 $u(x_i)$ 的评定是很可靠的，即 $\Delta u(x_i)/u(x_i) \to 0$，此时，以 $u(x_i)$ 的自由度 $\nu_i \to \infty$。

3. 根据要求的包含概率 p 和计算得到的有效自由度 ν_{eff}，查表得到 $t_p(\nu_{\text{eff}})$ 值。如果 ν_{eff} 不是整数，可以舍去 1 小数点后的数成为整数，如计算得到 $\nu_{\text{eff}} = 5.8$，则取 ν_{eff} 为 5；也可以采用内插法得到较准确的 ν_{eff} 时的 t 值。

4. 取 $k_p = t_p(\nu_{\text{eff}})$，并计算 $U_p = k_p u_c$。

第10章　自由度和正态分布时的安全因子

在测量不确定度评定中，规定标准不确定度用标准偏差来表示。但由于实际上只能进行有限次测量，因此只能用样本参数作为总体参数的估计值。即只能用有限次测量的实验标准差 s 作为无限次测量的标准偏差 σ 的估计值。这一估计必然会引入误差。显然，当测量次数越少时实验标准差 s 的可靠性就越差。也就是说此时为得到对应于同样置信概率的置信区间半宽，即扩展不确定度时，必须乘以较大的包含因子 k，并且 k 的数值与实验标准差 s 的可靠程度有关。因此在测量不确定度评定中，仅给出标准不确定度（即实验标准差）还不够，还必须同时给出另一个表示所给标准不确定度准确程度的参数，这个参数就是自由度。

10.1　自由度的概念及评定方法

10.1.1　自由度的概念

1. 自由度的定义

《测量不确定度评定与表示》（JJF 1059.1—2012）中给出自由度的定义为：在方差计算中，和的项数减去对和的限制数。

若在重复性条件下，对被测量 X 作 n 次测量，得到的测量结果分别为 x_1，x_2，x_3，$\cdots$，x_n，于是其样本方差的计算公式为

$$s^2(x) = \frac{\sum\limits_{i=1}^{n}(x_i - \bar{x})^2}{n-1} \tag{10-1}$$

式中，$\bar{x} = \dfrac{x_1 + x_2 + \cdots + x_n}{n}$ 为 n 次测量结果的平均值。而由于残差 $u_i = x_i - \bar{x}$，因此其样本方差可表示为

$$s^2 = \frac{u_1^2 + u_2^2 + \cdots + u_n^2}{n-1} \tag{10-2}$$

在定义中"和的项数"即是指式（10-2）中分子的项数，即 n。而由于全部 n 个残差之和为零，即

$$\sum_{i=1}^{n} u_i = \sum_{i=1}^{n} (x_i - \bar{x}) = \left(\sum_{i=1}^{n} x_i \right) - n \cdot \bar{x} = n \cdot \bar{x} - n \cdot \bar{x} = 0 \qquad (10\text{-}3)$$

也就是说，对上式中的分子还有一个 $\sum_{i=1}^{n} u_i = 0$ 的约束条件。由于仅有一个约束条件，故称"对和的限制数为 1"。因此根据定义，自由度 v 应为"和的项数减去对和的限制数"，即 $v = n - 1$。

一般地说，当没有其他附加的约束条件时，"和的项数"即是多次重复测量的次数 n。由于每一个被测量都要采用其平均值，都要满足一个残差之和等于零的约束条件，因而"对和的限制数"即是被测量的个数 t。由此，对于 A 类评定，自由度即是测量次数 n 与被测量个数 t 之差，$v = n - t$。

也可以这样来理解自由度的概念，如果我们对一个被测量仅测量一次，则该测量结果就是被测量的最佳估计值，即我们无法选择该量的值，这相当于自由度为零。如果我们对其测量两次，这就有了选择最佳估计值的可能，可以选择其中某一个测量结果，也可以是两者的某个函数，例如平均值或加权平均值作为最佳估计值，即我们有了选择最佳估计值的"自由"。随着测量次数的增加，自由度也随之增加。从第二次起，每增加一次测量，自由度就增加 1。因此也可以将自由度理解为测量中所包含的"多余"测量次数。

如果需要同时测量 t 个被测量，则由于解 t 个未知数需要 t 个方程，因此必须至少测量 t 次。从 $t+1$ 次开始，才是"多余"的测量，故在一般情况下自由度 $v = n - t$。

2. 自由度的含义

当采用不确定度的 A 类评定时，在数学上可以证明自由度 v 所给出的自由度，v 与标准不确定度 $u(x)$ 的准确程度之间的关系为

$$v = \cfrac{1}{2 \left[\cfrac{u[u(x)]}{u(x)} \right]^2} \qquad (10\text{-}4)$$

式中　$u(x)$——被测量 x 的标准不确定度；

　　$u[u(x)]$——标准不确定度 $u(x)$ 的标准不确定度；

　　$\dfrac{u[u(x)]}{u(x)}$——标准不确定度 $u(x)$ 的相对标准不确定度。

由此可见，自由度 v 与标准不确定度的相对标准不确定度有关。或者说，自由度与不确定度的不确定度有关。因此也可以说，自由度是一种二阶不确定度。一般来说，自由度表示所给标准不确定度的可靠程度或准确程度。自由度越大，

则所得到的标准不确定度越可靠。

10.1.2 不确定度的自由度评定方法

1. A 类评定不确定度的自由度

对于 A 类评定，各种情况下的自由度为：

（1）用贝塞尔公式计算实验标准差时，若测量次数为 n，则自由度 $v = n - 1$。

（2）当同时测量 t 个被测量时，自由度 $v = n - t$。

（3）若 t 个被测量之间另有 m 个约束条件时，自由度 $v = n - t + m$。

（4）对于合并样本标准差 S_p，其自由度为各组的自由度之和。例如，对于每组测量 n 次，共测量 m 组的情况，其自由度为 $m(n-1)$。

（5）当用极差法估计实验标准差时，其自由度与测量次数 n 的关系见表 10-1。

表 10-1　极差法自由度表

N	2	3	4	5	6	7	8	9	10	15	20
v	0.9	1.8	2.7	3.6	4.5	5.3	6.0	6.8	7.5	10.5	13.1

比较贝塞尔法和极差法的自由度，就可以发现在相同重复测量次数的条件下，极差法的自由度比贝塞尔法小。这就是说，用极差法得到的实验标准差的准确度比贝塞尔法低。由于极差法没有有效利用所提供的全部信息量，只利用了其中的极大值和极小值，其准确程度较差也是必然的。

2. 极差法和贝塞尔法之间的比较

由于用贝塞尔法得到的实验标准差 s 不是总体标准差 σ 的无偏估计，因此在测量次数较少时，由极差法得到的标准偏差较贝塞尔法更为可靠。而通过对极差法和贝塞尔法自由度的比较得到的结论为：无论测量次数多少，极差法的自由度均比贝塞尔法小，因此贝塞尔法将比极差法更准确。这两个似乎相反的结论其实并不矛盾。前者是针对标准差而言，而后者则是针对方差而言。由于样本方差是总体方差的无偏估计，因此就方差而言，无论测量次数的多少，贝塞尔法的方差将比极差法更准确。

因此在测量不确定度评定中，在测量次数较少时贝塞尔法和极差法之间的优劣应根据情况决定。当仅考虑多次测量的实验标准差，或在合成标准不确定度中该 A 类评定的不确定度分量是占优势分量的情况下，在测量次数不大于 9 时极差法将优于贝塞尔法。而当在合成标准不确定度中该 A 类评定的不确定度分量并非占优势的分量时，由于在合成时采用方差相加的方法，故此时贝塞尔法将优于极差法，而与测量次数的多少无关。

3. B 类评定不确定度的自由度

对于 B 类评定，由于其标准不确定度并不是由实验测量得到的，也就不存在测量次数的问题，因此原则上也就不存在自由度的概念。但如果将关系式（10-4）推广到 B 类评定中，即认为该式同样适用于 B 类评定不确定度，则式（10-4）就成为估计 B 类评定不确定度自由度的基础。对于 A 类评定，从测量次数立即可以得到自由度，并通过式（10-4）可以得到标准不确定度 $u(x)$ 的准确程度，即 $u(x)$ 的相对标准不确定度。B 类评定不确定度的情况正好相反，我们可以从反方向利用式（10-4），如果根据经验能估计出 B 类评定不确定度的相对标准不确定度时，则就可以由式（10-4）估计出 B 类评定不确定度的自由度。

例如，若用 B 类评定得到输入量 X 的标准不确定度为 $u(x)$，并且估计 $u(x)$ 的相对标准不确定度为 10%，于是由式（10-4）可以得到自由度为

$$\nu = \frac{1}{2\left[\frac{u[u(x)]}{u(x)}\right]^2} = \frac{1}{2\times(10\%)^2} = 50 \tag{10-5}$$

B 类评定不确定度自由度的估计不仅需要相应的专业知识，同时还要求具备评定测量不确定度的实际经验，这使相当多的测量人员对此感到十分困难而觉得无从着手。要解决这一问题，笔者认为首先要增加有关被测量的专业知识，特别是要了解该被测量的测量方法和一般可以达到的测量不确定度，并由此估计出 B 类评定不确定度的相对标准不确定度。

10.2 合成标准不确定度的有效自由度及安全因子

10.2.1 合成标准不确定度的有效自由度

合成标准不确定度 $u_c(y)$ 的自由度称为有效自由度，以 ν_{eff} 表示。当 $u_c^2(y)$ 是由两个或两个以上方差分量合成，即满足 $u_c^2(y) = \sum_{i=1}^{n} c_i^2 u^2(x_i)$ 时，并且被测量 Y 接近于正态分布时，合成标准不确定度的自由度可由下式计算：

$$\nu_{eff} = \frac{u_c^4(y)}{\sum_{i=1}^{n}\frac{u_i^4(y)}{\nu_i}} \tag{10-6}$$

当用相对标准不确定度来评定时，式（10-6）成为

$$\nu_{eff} = \frac{[u_c(y)/y]^4}{\sum_{i=1}^{n}\frac{[p_i u(x_i)/x_i]^4}{\nu_i}} = \frac{[u_{crel}(y)]^4}{\sum_{i=1}^{n}\frac{[p_i u_{rel}(x_i)]^4}{\nu_i}} = \frac{[u_{crel}(y)]^4}{\sum_{i=1}^{n}\frac{[u_{irel}(y)]^4}{\nu_i}} \tag{10-7}$$

113

当被测量接近于正态分布时，其包含因子 k 可由所规定的置信概率 p 和有效自由度 v_{eff} 查阅 t 分布临界值表得到，$k_{\mathrm{p}}=t_{\mathrm{p}}(v_{\mathrm{eff}})$。

由式（10-6）或式（10-7）计算得到的有效自由度一般均带有小数，查 t 分布表时应予以取整。习惯上取整时只截尾而不进位。这样查表得到的 k 值较大而比较安全。但当自由度特别小时，k 值随有效自由度的变化很快，可能使取整带来的误差过大，此时计算得到的有效自由度可以保留一位小数。

确定被测量 Y 的有效自由度，关键之处在于如何评定 B 类分量的自由度，这往往使初学者感到十分困难。即使已具备了相应的专业知识，在估计 B 类分量自由度时往往仍需要某种程度上的合理"猜测"。由于在自由度不太小的情况下，包含因子 k 的数值随自由度的变化并不大。因此只要最后得到的有效自由度不太小，即使估计得到的自由度与实际情况有些差异，对扩展不确定度的影响往往也不会太大。反过来说，为了使评定得到的扩展不确定度具有较高的准确程度，在设计测量程序时，应尽可能确保其具有较大的有效自由度。

10.2.2 安全因子

当被测量接近于正态分布但不计算自由度而直接选定 k 值时，从原则上说，将无法确定扩展不确定度所对应的置信概率。但如果能保证自由度不太小，则对应于 $k=2$ 或 3 的置信概率大体上接近于 95% 和 9%；但若其自由度较小，则所得到的实验标准差便可能有相当大的不可靠性，即其对应的置信概率可能与 95% 或 99% 相差甚远。为了在此情况下仍能确保大体上有 95% 的置信概率（对应于 $k=2$），在国际标准 ISO/TS 14253-2 中，提供了一种补偿的办法：即由贝塞尔公式计算得到的实验标准差 $s(x)$ 并不直接作为标准不确定度，而必须先乘一安全因子 h 后再作为标准不确定度。即

$$u(x) = h \cdot s(x)$$

安全因子 h 与测量次数有关。对应于 $k=2$ 时的安全因子 h 见表 10-2。

表 10-2　$k=2$ 时的安全因子 h

测量次数 n	2	3	4	5	6	7	8	9	10
$h(k=2)$	7.0	2.3	1.7	1.4	1.3	1.3	1.2	1.2	1

表 10-2 实际上是由 t 分布表得到的。例如，当测量次数为 2 时，自由度为 1。由 t 分布表可知，对于 95.45% 的置信概率，其 k 值应为 13.97，近似约为 14。也就是说，如果计算自由度，则 $k=14$，但因现仅假设 $k=2$，故应增补的安全因子等于 7。当然，这里没有考虑 B 类评定分量的自由度所起的作用。考虑到 B 类评定分量的存在，两种方法实际上还是稍有差别的。但乘以一安全因子后，至少可

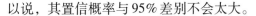

以说，其置信概率与 95% 差别不会太大。

一般来说，当在合成标准不确定度中 A 类分量起主要作用，可以采用加安全因子的办法。当 B 类分量起主要作用，而 A 类分量很小或几乎可以忽略时，安全因子可以不加。当 B 类分量起主要作用，并且其自由度很小时，安全因子无效。

必须注意，加安全因子的原因是由于测量次数太少而使计算得到的实验标准差变得不可靠，而不是测量次数太少而使实验标准差变小。因此采用安全因子的方法往往得到的扩展不确定度会稍大。

10.3　被测量接近正态分布时的扩展不确定度及表示

10.3.1　被测量接近正态分布时的扩展不确定度

《测量不确定度评定与表示》（JJF 1059.1—2012）规定，当可以判断出被测量 Y 接近于正态分布时，可以采用两种方法得到扩展不确定度。

（1）通过计算被测量 Y 的有效自由度 v_{eff} 并根据有效自由度和所要求的置信概率 p 由 t 分布临界值表得到包含因子 $k_p = t_p(v_{\text{eff}})$，于是扩展不确定度 U_p 等于合成标准不确定度 u_c 和包含因子 $k_p = t_p(v_{\text{eff}})$ 的乘积，即

$$U_p = u_c - k_p = u_c \cdot t_p$$

（2）当扩展不确定度不必用 U_p 表示，而可以直接用 U 表示时，可以不必计算比较麻烦的有效自由度，此时可直接假定 $k = 2$ 或 3，即

$$U = ku_c (k = 2 \text{ 或 } 3) \tag{10-8}$$

在这种情况下，只要有效自由度不太小，当 k 分别取 2 或 3 时，它们大体上对应于 95% 或 99% 的置信概率。

这种方法虽然简单，但当有效自由度较小时，在 k 取 2（或 3）时，所得扩展不确定度所对应的置信概率可能会与 95%（或 99%）相去甚远。因此笔者建议仅在确保有效自由度不太小的情况下（例如不小于 15）采用该法，除非该领域统一规定直接取 $k = 2$ 而不计算有效自由度。

10.3.2　被测量分布不同时扩展不确定度的表示

扩展不确定度有两种表示方式，用 U 表示，或用 U_p 表示。具体采用何种表示方式，取决于包含因子 k 的获得方式。当包含因子 k 是根据被测量 Y 的分布并由所规定的置信概率 p 计算得到的，则用 U_p 表示。表示所给出的扩展不确定度是对应于置信概率为 p 的置信区间的半宽。由于被测量 Y 的不同分布情况，包含

因子 k 与置信概率 p 之间的关系也不同，因此对应于不同的被测量分布，其包含因子也不同。当包含因子 k 的数值是假定的，而不是根据被测量 Y 的分布和规定的置信概率 p 计算得到时，则用 U 表示。

一般采用的 p 值为 99% 和 95%，在多数情况下采用 $p = 95\%$。对于某些测量标准，也可根据有关规定采用 $p = 99\%$。

1. 无法判断被测量 Y 的分布

由于无法判断被测量 Y 的分布，也就是说无法根据所规定的置信概率求出包含因子 k。此时只能假设个 k 值，k 值一般取 2 或 3，在大多数情况下取 $k = 2$。此时扩展不确定度用 U 表示，即

$$U = k \cdot u_c = 2u_c \tag{10-9}$$

这时无法知道扩展不确定度所对应的置信概率。

2. 被测量为某种非正态分布的其他分布

若可以判断被测量接近于某种已知的非正态分布，例如矩形分布、三角分布、梯形分布等，则由分布的概率密度函数以及所规定的置信概率 p 可以计算出包含因子 k_p。此时扩展不确定度用 U_p 表示，表示对应于置信概率为 p 的扩展不确定度，即

$$U_p = k_p \cdot u_c \tag{10-10}$$

在这种情况下，绝对不应该直接选取 $k = 2$ 或 3，也不能按照正态分布的方法通过计算有效自由度 v_{eff} 并由 t 分布得到包含因子 $k_p = t_p(v_{eff})$。k 值必须根据分布和 p 值确定。

3. 被测量接近于正态分布

（1）被测量接近于正态分布时，原则上应计算各分量的自由度和合成标准不确定度的有效自由度，并根据所规定的置信概率 p 由 t 分布表得到包含因子 k_p。此时扩展不确定度用 U_p 表示，表示对应于置信概率为 p 的扩展不确定度。

$$U_p = k_p \cdot u_c = t_p(v) \cdot u_c \tag{10-11}$$

（2）即使在被测量接近正态分布时，有时也可以不计算自由度。例如有些测量程序已经确保了其有效自由度不会太小，例如 15 以上时，也可以不计算自由度而直接取 $k = 2$ 或 3。

此时扩展不确定度用 U 表示：

$$U = k \cdot u_c = 2u_c \ \text{或} \ U = k \cdot u_c = 3u_c \tag{10-12}$$

从原则上说，此时的扩展不确定度应与置信概率无关，但在确保自由度不太小的前提下，仍可以估计其置信概率大体上分别为 95%（$k = 2$）和 99%（$k = 3$）。

也有些领域统一规定可以不计算自由度而直接取 $k = 2$。为确保所给扩展不确

定度有接近于95%的置信概率，建议此时所采用的测量程序应确保自由度不太小（表10-3）。

表 10-3　摘要给出被测量 Y 不同分布时扩展不确定度的表示方法

	被测量分布类型	扩展不确定度表示方式
1	被测量接近于正态分布	用 U_p 表示，并给出 k 值和有效自由度 ν_{eff}。k 值与置信概率 p 和有效自由度 ν_{eff} 有关，由 t 分布表得到
2	被测量接近于正态分布，但没有必要用 U_p 表示	用 U 表示，并给出所设定的 k 值。当设定 $k=2$ 或 3 时，在自由度不太小的情况下，它们大体上分别对应于 95% 和 9% 的置信概率。建议在确保自由度不太小时采用该法，例如不小于 15
3	被测量为非正态分布，但接近某种其他分布	用 U_p 表示，指明被测量的分布并给出置信概率和 k 值。k 值必须根据分布和 p 值确定
4	无法判断被测量接近于何种分布	用 U 表示，同时给出所设定的 k 值（2 或 3），大多数情况下选 $k=2$

第11章 检测结果的测量不确定度评定

依据测量对象的不同，通常可以将测量分为校准和检测两类。由七个国际组织联合发布的文件《测量不确定度表示指南》（简称 GUM）和我国的国家计量技术规范《测量不确定度评定与表示》（JJF 1059. 1—2012）规定了测量不确定度评定的基本原理和方法，它们适用于任何领域的具有各种准确度等级的测量，包括校准和检测。因此检测结果的测量不确定度评定原理上也应该遵循上述两个文件所规定的评定程序。

但检测结果的测量不确定度评定毕竟与校准有所不同。校准的测量对象一般是测量设备，例如各种实物量具、测量仪器和标准物质等。由于被校准的测量设备可能就是下一级的测量标准，因此校准的结果会通过被校准的测量设备传递到下一级测量中。而检测的测量对象通常是工件或产品等各种非测量设备，因此检测结果通常已经是量值传递链的终端而一般不再往下进行传递。由于这一原因，对检测结果测量不确定度评定的要求一般不如对校准那么严格。况且对于许多检测项目来说，其测量原理、测量方法以及环境条件等对检测结果的影响往往了解得不如校准那么仔细和深入，检测的对象和项目又种类繁多，具体的测量条件往往差异很大，可以说没有一个测量不确定度的评定程序可以适用于全部所有的检测项目。因此在对检测结果进行不确定度评定时，其评定程序就显得相当灵活。

国际标准 ISO/IEC 17025：2005 以及国家标准《检测和校准实验室能力的通用要求》（GB/T 27025—2008）均允许针对不同的检测项目制定与该检测工作特点相适应的测量不确定度评定程序。中国合格评定国家认可委员会制定的《测量不确定度的要求》（CNAS—CL07：2011）也指出"检测实验室应制定与检测工作特点相适应的测量不确定度评估程序，并将其用于不同类型的检测工作"。

11.1 检测结果测量不确定度的应用场合

在检测领域，测量不确定度的应用场合很多。可以说，对于任何有数值要求

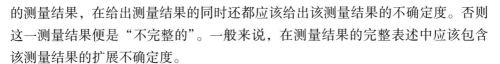

的测量结果，在给出测量结果的同时还都应该给出该测量结果的不确定度。否则这一测量结果便是"不完整的"。一般来说，在测量结果的完整表述中应该包含该测量结果的扩展不确定度。

具体地说，检测领域的测量不确定度可以应用于下述场合：

（1）同一个被测量两次测量结果的比较。进行比较的两个测量结果，可以是同一个实验室内的两次测量结果，也可以是两个不同实验室得到的测量结果；可以是由相同的测量方法和测量程序得到的结果，也可以是由不同测量方法或测量程序得到的结果。通过测量不确定度评定，可以判断两个测量结果差值之大小是否合理。当两个测量结果相差较大，并且该差值的出现属于小概率事件，则认为该差值不应该出现，于是说明至少两个测量结果之一可能有问题而必须对整个测量过程进行检查或重新进行检测。如果两个测量结果相差不大，即差值大小在合理范围内，则可以避免作不必要的重复检测。

（2）测量结果与参考值进行比较。例如在实验室认可工作的能力验证中，需要将每个参加能力验证的实验室所得到的测量结果与参考值进行比较，以判断该实验室参加此次能力验证是否成功。参考值通常由上级测量部门提供，也可能是参加能力验证的各实验室所得结果的平均值或中位值。而其判断标准就与测量不确定度有关。通过测量不确定度评定，可以得到测量结果和参考值之差的最大允许值。超过允许值就表明该测量结果存在问题。

（3）合格评定。也称为对某技术规范的符合性评定。在检测领域，经常要判断工件或材料的某一特性是否满足规定的技术要求。这些技术要求通常是由各种技术文件规定的，例如工件设计图纸上规定的公差，各种技术文件所规定的材料特性极限值等。由于测量不确定度的存在，合格或不合格的判断标准将与不确定度有关。特别是当检测结果在规定的极限值附近时，测量不确定度的大小将直接影响合格或不合格的判定。因此凡是需要对被测工件或材料进行合格评定的场合，必须给出检测结果的不确定度。

如果相对于技术要求而言，检测结果的不确定度太大，则表明该检测方法不合格，即不能采用该检测方法来进行合格评定。

（4）当需要对检测结果进行解读时，也需要考虑检测结果的不确定度。例如，对不同批次的材料特性或性能进行测量比较时，如测得的差值仅仅在检测程序本身所引起的不确定度范围内时，则表明不同批次的材料特性或性能并无实质上的差异。

如果产品特性或性能的检测结果与规定值之差在不确定度范围内时，那就可以认为被检测对象的特性或性能对规定值的偏离不太大。在此情况下，如果仍认为偏离值太大，则表明所用的检测方法不符合要求，即检测方法所引入的测量不确定度太大。

（5）在某些情况下，可能认为检测结果的不确定度很小，以至于不值得进行规范化的不确定度评定。但是这种不经过不确定度评定就作出的判断，其根据仅仅是直觉。一旦对此提出疑问时，这种仅凭直觉而作的判断是没有说服力的。

（6）对于某些检测项目，其检测结果可能有很大的测量不确定度，例如对本身特性的一致性很差的样品进行的检测。在这种情况下，相对于样品的一致性而言，与检测方法有关的测量不确定度往往是可以忽略的。但是，除非经过测量不确定度评定，否则这种判断的有效性也是无法保证的。

（7）对检测结果进行测量不确定度评定，以及仔细地评定每一个不确定度来源对测量不确定度的贡献，有助于增加对检测方法和检测原理的认识和了解，并且还可以指明为了改进测量程序和提高测量准确度，应该对检测方法的哪些方面予以改进。

11.2 检测结果测量不确定度评定的原理和步骤

11.2.1 检测结果测量不确定度评定的原理

1. 关于测量模型

测量的目的就是要确定被测量之值，即要确定作为测量对象的特定量的值。因此在测量开始之前应该对被测量以及测量程序作相应的技术说明，并用具体的函数形式来表示被测量（也称为输出量）与各影响量（也称为输入量）之间的数学关系，这一关系过去常称为数学模型，而现在则称为测量模型。在测量模型中应该包括所有需要考虑的对测量结果及其不确定度有影响的影响量。

2. 测量结果的完整表述

一般来说，完善的测量是不存在的，任何测量都会存在缺陷。这种测量过程的不完善会给测量结果带来误差。即使在最好的情况下进行测量，得到的测量结果也只能是比较接近于被测量真值的近似值。因此在给出测量结果的同时，还必须给出测量结果的不确定度。或者说，在测量结果的完整表述中，除了应给出测量结果外，还应包括测量结果的不确定度。任何对测量结果的表述有数值要求的检测结果，均应同时给出其不确定度。

3. 测量不确定度来源和不确定度分量

测量结果中的误差可能来源于两个方面：在重复测量中由测量结果的变化所得到的随机分量，以及由于对系统影响的修正不完善所引入的系统分量。因此在任何情况下的测量不确定度评定都应该包括这两方面的因素所引入的不确定度分量。

随机效应对测量结果的影响是不断变化的，即使在重复性条件下进行测量，其观测值也将分布在一定的区间内。因此随机效应对测量结果的影响不能通过采用修正值或修正因子而消除。但可以通过增加测量次数的方法来降低它们对平均值的测量不确定度的影响。

系统效应对测量结果的影响导致在测量结果中引入系统误差，在重复性条件下进行多次测量时，这些误差的大小保持不变。因此可以通过修正值或修正因子对测量结果进行修正。但对于已修正的测量结果，仍需要考虑由于修正值或修正因子的不完善所引入的不确定度。

4. 不确定度分量的评定方法

与误差的分类不同，在测量不确定度评定中按评定方法的不同分为测量不确定度的 A 类评定和测量不确定度的 B 类评定两类。前者是指用对观测列进行统计分析来评定标准不确定度的方法，而后者则是指用不同于对观测列进行统计分析来评定标准不确定度的方法。这种分类的依据是评定方法，而不是不确定度分量本身的性质。这样可以避免某些歧义的发生，例如在某测量仪器的校准中由随机效应引起的误差分量，在将该测量仪器用于其他量的测量时就会变成系统效应。

不确定度的 A 类评定是指"用对观测列进行统计分析的方法来评定标准不确定度"。据测量不确定度的定义，标准不确定度应该用标准偏差 σ 表征。而在实际工作中，则以实验标准偏差 s 作为标准偏差 σ 的估计值。

不确定度的 B 类评定是指所有与 A 类评定不同的其他评定方法。其信息来源可以来自各个方面，例如校准证书提供的数据或以前的测量数据，测量人员的经验，以及由标准、规范或其他技术文件提供的相关信息。由上述信息来源得到的往往直接就是该影响量的估计值的扩展不确定度，或是其可能的误差。为了得到该影响量估计值的标准不确定度，往往需要根据经验对影响量可能值的分布作出假定。与 A 类评定相同，B 类评定得到的也是该影响量估计值的标准偏差估计值。

注意，必须区分影响量估计值的标准不确定度和对应于该影响量的不确定度分量。当影响量和被测量是不同的物理量时，两者的量纲一般是不同的，此时影响量估计值的标准不确定度与对应灵敏系数的乘积才是对应于该影响量估计值的不确定度分量。在数值上灵敏系数等于所考虑的影响量变化一个单位量时被测量的变化量。或者说，在数学上灵敏系数即被测量对该影响量的偏导数的绝对值。在特殊情况下，某些影响量的灵敏系数可能等于1。只有在此时，影响量估计值的标准不确定度才等于不确定度分量。

5. 不确定度分量的合成

无论采用 A 类评定或 B 类评定，当得到所有对测量结果有显著影响的不确定度分量后，需要将它们合成得到对应于测量结果的标准不确定度，称为合成标准不确定度。如果所有的影响量之间都不存在相关性或相关性很小而可以忽略，采用方和根法进行合成。

6. 扩展不确定度和测量不确定度的表述

为了满足工业、商贸、卫生安全等方面的应用需要，通常要求给出对应于包含概率为95%的扩展不确定度。扩展不确定度等于包含因子与合成标准不确定度的乘积。从原则上说，包含因子的数值取决于被测量的分布，但对于绝大多数的检测来说，可以简单地取包含因子 $k=2$，在被测量接近于正态分布的情况下，只要其有效自由度不太小，它大体上对应于95%的包含概率。

在检测报告中，在给出检测结果及其扩展不确定度的同时，还应对所选择的包含因子 k 加以说明。只有在这种情况下，用户才有可能由所给的扩展不确定度复原到检测结果的合成标准不确定度。如果将来用户需要通过该检测结果进行其他量的测量时，则在后者的测量不确定度评定中将要用到该检测结果的合成标准不确定度。

7. 关于错误或疏忽

测量中还可能会出现错误或疏忽，有时也称为粗大误差。错误或疏忽会使测量结果中产生离群值。必须将错误或疏忽与误差区分开。按本性，错误或疏忽是无法定量表示的，它们也不能被考虑为测量不确定度的一部分。在计算测量结果和进行测量不确定度评定之前，必须按一定的规则对由测量得到的测得值进行检查，一旦发现由于错误或疏忽导致的离群值，必须予以剔除。

不允许不经过离群值检验而直接将主观上认为过大或过小的值剔除，这样得到的重复性可能较小，但是是虚假的。同样，一旦发现存在离群值，则一定要将其剔除，否则不仅会对测量结果产生影响，还会使得到的测量结果重复性变差。

11.2.2　检测结果的测量不确定度评定步骤

测量不确定度评定的关键是应该对测量过程，从而对测量不确定度的主要来源有详尽的了解。因此测量系统的工程设计人员，对检测系统进行开发和确认的研究人员，以及具体进行检测的熟练操作人员都是最适合的测量不确定度评定者。对测量不确定度来源的识别要从仔细分析测量过程开始，通常采用包括测量流程图、计算机模拟、重复测量或交替测量以及与他人得到的检测结果进行比对等方法来对测量程序和测量过程进行详细的研究。

检测结果的测量不确定度评定步骤简述如下：

（1）列出所有可能对测量结果有影响的影响量，并给出其测量模型。

（2）评估每一个影响量的标准不确定度。

（3）根据测量原理或测量模型的不同，所有影响量的标准不确定度全部以绝对标准不确定度，或全部以相对标准不确定度来表示。

（4）将影响量的标准不确定度乘以相应的灵敏系数得到不确定度分量。

（5）给出测量不确定度分量的汇总表，表中应该给出关于每一个不确定度分量的尽可能多的信息。

（6）如果对检测的原理和不确定度来源了解得不甚清楚，或者说无法得到有明确函数关系的测量模型，则为了使不确定度评定更为合理，必须对检测方法进行专门的确认研究。

（7）检测方法的确认研究首先要求确定检测方法的哪些总体性能参数需要进行确定，例如精密度、检测方法的偏移、测量范围内的线性、抗变性以及干扰物的影响等。

（8）最后需要考虑的不确定度分量应该包括两部分：可以单独研究并确定的，并对测量结果的不确定度有显著影响的影响量所引入的不确定度分量，以及在检测方法确认中已经确定的由各个总体性能参数所引入的不确定度分量。

（9）考虑各不确定度分量之间是否存在值得考虑的相关性。对于检测结果的不确定度评定，除非确有必要，一般可以不考虑合成方差中的协方差项。可以简单地采用代数相加的方法对存在相关性的不确定度分量进行合成。然后再将其与其他不相关的不确定度分量采用方和根的方法（即平方相加再开方）进行合成，得到合成标准不确定度。

（10）根据要求的包含概率选定包含因子 k，并由包含因子和合成标准不确定度的乘积得到扩展不确定度。在标准或用户对包含概率没有规定时，在检测结果的不确定度评定中通常取 $k=2$，给出的扩展不确定度一般用 U 表示。它给出大约95%的包含概率。

11.3　检测结果测量不确定度评定中应注意的问题

11.3.1　测量不确定度来源

对于检测而言，其测量不确定度通常来源于（但不仅限于）下述几个方面：

1. 对检测对象的定义不完善

对检测对象的定义不完善，也就是说，对被测量的定义没有清楚地阐明。例如，将需要测量的温度表示为"室温"。由于"室温"是一个模糊的概念，由于可能的温度梯度的存在，应该更严格地表述为"室内某一点或某一小区域内的温度"。当温度可能随时间而变化时，可能还需要将被测量更严格地定义为"室内某一点或某一小区域内在某一时刻的温度"。

2. 对检测条件的规定与实际情况有差别

即使对检测条件有明确的规定，实际的测量条件不可能完全满足所规定的测量条件，这一对规定测量条件的偏离将会引入测量不确定度。

例如，在长度测量领域，规定应该给出被测物在标准参考温度 20℃ 下的长度，但由于测量不可能严格地正好在 20℃ 下进行，因此必须考虑由于测量温度偏离 20℃ 对测量结果及其不确定度的影响。

3. 对检测的环境条件对测量结果的影响了解不充分

检测的环境条件或多或少地会偏离所规定的环境条件，因此必须充分了解环境条件变化对测量结果的影响大小，否则就会在测量结果中引入测量不确定度。

例如，在长度测量中，当测量温度偏离 20℃ 时，必须对测量结果进行修正。修正值的大小与被测物的线膨胀系数 α 有关，当对 α 的数值了解不充分时，必须考虑由此而引入的不确定度分量，也就是说必须考虑线膨胀系数估计值 α 的不确定度 $u(\alpha)$ 对测量结果的影响。

环境条件对检测结果的影响往往可以根据各种信息直接得到，但在许多情况下，环境条件对检测结果的影响也可能无法直接得到，而需要在检测方法的确认研究中进行定量的测量。

4. 对环境条件的测量不完善

由于对环境条件诸参数的测量存在误差，当需要对由此而引入的误差进行修正时，就会在测量结果中引入附加的不确定度分量，即修正值的不确定度。

例如，在长度测量中进行温度修正的修正值与测量得到的温度 t 有关，因此温度测量的不确定度 $u(t)$ 也是必须考虑的不确定度来源之一。

5. 采样因素，所检测的样品可能并不具有代表性

由于所检测的样品的性能不能充分代表总体样品的性能，因此若需要将由个别样品得到的检测结果用于总体样品时，就必须考虑所检测的样品和总体样品之间的差别所引入的不确定度。

6. 对模拟式仪器读数时的判读误差，以及与测量人员有关的偏差

测量人员的读数和操作习惯也会引入与测量人员有关的不确定度。

7. 测量仪器的分辨力

任何测量仪器，无论是模拟式仪表或数字式仪表，其分辨力都是有限的，会

在测量结果中引入不确定度。通常情况下，由于每一个独立测量结果已受到分辨力的影响，因此只需考虑重复性引入的不确定度分量，而不必考虑测量仪器的分辨力对测量结果的影响。只有当测量仪器的分辨力较大时，由仪器的分辨力所引入的不确定度分量大于重复性所引入的不确定度分量时，才需要考虑分辨力所引入的不确定度，而不必考虑重复性所引入的不确定度分量。总之，在不确定度评定中只取两者中较大者。

8. 标尺的刻度误差

测量仪器的标尺会存在刻度误差，因此测量仪器的示值误差对测量结果有影响。如果已知仪器的示值误差而对测量结果进行修正，则必须考虑修正值的不确定度。

9. 测量标准或标准物质所复现的标准量值的不确定度

在任何测量中，测量标准所复现的标准量值本身的不确定度总是要首先考虑的。

10. 测量仪器的计量特性或性能的变化或漂移（自最近一次校准以来）

由于校准给出的结果是测量仪器在校准时的计量特性，而不考虑被校准仪器在校准之后其计量性能可能产生的漂移，因此校准结果的测量不确定度评定一般不考虑被校准对象在校准以后可能产生的漂移，于是检测所用的测量仪器自最近一次校准以来，其特性或性能的变化或漂移也是可能的不确定度来源。

11. 在计算中所采用的常数值修正值或其他参数值的误差

在计算测量结果时所用的常数值、修正值或其他参数值都会存在误差，这将使测量结果中包含与此有关的不确定度分量。例如在通过测量圆周的直径计算圆周的周长或面积时需要用到圆周率 π，因此所采用的 π 数值的误差将会引入不确定度分量。

12. 测量方法或程序中所作的各种近似和假设

测量方法或程序中所作的各种近似和假设将会影响到测量结果，从而引入与此有关的测量不确定度分量。

13. 测量的重复性

即使在相同的测量条件下，多次重复观测的检测结果一般也是不同的。它们通常是由测量过程中的各种随机效应所引起的。

以上只是列举了若干在检测中常见的测量不确定度来源，它们既不表示测量不确定度可能来源的全部，同时也不表示每一个检测结果的不确定度评定中必须包含这么多个的不确定度分量。

在寻找测量不确定度来源时，重要的是不要重复计算任何不确定度分量，特别是对测量结果有显著影响的不确定度分量。例如，当某一个不确定度分量已经包含在 A 类评定中时，那就不应该再出现在 B 类评定中。反之，同样也不要遗漏任何对测量结果有显著影响的不确定度分量，例如，当某一个不确定度分量未包含在 B 类评定中时，则在 A 类评定中必须包含它。

在某些情况下，上述各个测量不确定度来源有可能相关。虽然对于绝大部分的检测来说，必须考虑相关性的情况并不多见。但在不确定度评定中，是否存在相关性仍是必须考虑的问题之一。

除了上述这些不确定度来源以外，有时测量过程还会存在一些未知的系统效应。虽然这些系统效应是未知的，但它们仍然对测量误差和测量不确定度有贡献。由于未知，因此在不确定度评定中当然无法进行考虑。为了验证是否存在未知的系统效应的影响，可以通过实验室之间的比对，或采用不同的测量方法来进行比较。但这不属于测量不确定度评定的范畴。从测量不确定度评定的角度来说，只能尽可能地去发现这些未知的系统效应。

在某些检测领域，特别是对于化学样品的分析，其测量不确定度来源可能无法很容易地被识别并进行定量的评估。在这种情况下，进行不确定度评定所需的数据就要从检测方法的开发和确认研究中得到，于是测量不确定度就与检测方法有关。如果实验室是在规定的测量条件下进行常规的检测，对这些检测结果可以给出相同的测量不确定度，而不必每次检测都作一次不确定度评定。对诸如化学分析等检测领域，这种不确定度评定的方法将在检测方法的开发和确认中作进一步的讨论。

11.3.2 影响量标准不确定度的 A 类评定

最常用的方法是贝塞尔法，采用贝塞尔公式时测量次数应足够多，否则得到的实验标准偏差可能存在较大的系统误差。通常要求 $n \geq 10$。但对于某些检测项目来说，要求如此多的测量次数有可能行不通，例如样品的缺乏、测量太费时间或测量成本太高等，因此有时也不得不采用较少的测量次数。当测量次数较少时得到的实验标准偏差本身会有较大的不确定度。

当测量次数较少时，由于得到的实验标准偏差有可能被严重低估，此时不能直接将实验标准偏差作为标准不确定度，而应该将其适当放大。也就是说，此时应该采取增加安全因子的方法，即将由贝塞尔公式计算得到的实验标准偏差与安全因子 h 的乘积作为该被测量估计值的标准不确定度。包含因子 $k = 2$ 时安全因子的数值见表 11-1。由表 11-1 可知，当测量次数 $n = 10$ 时，安全因子 $h = 1.16$，与 1 相差已不大。故当测量次数 $n \geq 10$ 时，一般可以不加安全因子。

表 11-1　不同测量次数 n 时安全因子 h 的数值（包含因子 $k = 2$）

n	h（$k = 2$）	n	h（$k = 2$）
2	6.98	12	1.13
3	2.27	13	1.12
4	1.66	14	1.11
5	1.44	15	1.10
6	1.33	16	1.09
7	1.26	17	1.09
8	1.22	18	1.08
9	1.19	19	1.08
10	1.16	20	1.07
11	1.14		

[**例 11-1**]　洛氏硬度计测量硬度

为得到洛氏硬度计的测量重复性，对某硬度块作 8 次重复测量，得到的硬度值分别为：45.4，45.5，45.4，45.3，45.5，45.3，45.3，45.4HRC。

于是得到相关的统计参数为：平均值　　45.39HRC

实验标准偏差　　0.083HRC

由于规定取包含因子 $k = 2$ 和测量次数 $n = 8$，由表 11-1 可得安全因子 $h = 1.22$，于是由测量重复性所引入的不确定度分量 $u(x)$ 应为

$$u(x) = h \cdot s(x) = 1.22 \times 0.083 \text{HRC} = 0.101 \text{HRC}$$

若所有其他的不确定度分量均可忽略不计，则测量结果的扩展不确定度为

$$U(x) = 2 \times 0.101 \text{HRC} = 0.20 \text{HRC}$$

最后得到用该洛氏硬度计测量硬度的扩展不确定度（单次测量）为 $U = 0.20 \text{HRC}$，$k = 2$。

11.3.3　关于灵敏系数

对于某些检测项目可能无法得到被测量和影响量之间的函数关系，也就是说无法直接由测量模型得到灵敏系数，或由于测量模型太复杂而不便于由偏导数得到灵敏系数，此时可以有两种方法由影响量的标准不确定度得到对应的不确定度分量。

（1）在影响量估计值 x_i 上分别加一个以及减一个等于其标准不确定度 $u(x_i)$ 的小增量，得到 $x_i + u(x_i)$ 和 $x_i - u(x_i)$。然后分别计算两种情况下被测量 y 的值，分别得到 y_{cal}^+ 和 y_{cal}^-。于是对应的不确定度分量 $u_i(y)$ 可由下式计算：

$$u_i(y) = \frac{|y_{\mathrm{cal}}^+ - y_{\mathrm{cal}}^-|}{2} \tag{11-1}$$

在计算中应注意保留足够的有效数字,以保证所需要的准确度。

(2)在保持所有其他影响量不变的情况下改变测量条件,使影响量 x_i 分别增大和减少一个等于其标准不确定度 $u(x_i)$ 的小增量,分别在两种情况下进行检测,若得到的检测结果分别为 y_{mea}^+ 和 y_{mea}^-。于是对应的不确定度分量 $u_i(y)$ 可由下式计算:

$$u_i(y) = \frac{|y_{\mathrm{mea}}^+ - y_{\mathrm{mea}}^-|}{2} \tag{11-2}$$

11.3.4 合成标准不确定度

在将各不确定度分量合成得到合成标准不确定度时,重要的是要认识到并不是所有的不确定度分量都会对合成不确定度有显著影响,实际上多半只有少量的几个不确定度分量才会有明显的影响,合成时忽略那些没有明显影响的分量。对小于最大分量三分之一的不确定度分量通常不需要进行十分详细的评定,除非存在大量其大小相近的分量。

当各不确定度分量之间不存在相关性时,合成标准不确定度 $u_c(y)$ 等于各不确定度分量 $u_i(y)$ 的平方和的平方根(也称为方和根法):

$$u_c(y) = \sqrt{(u_1^2)y + (u_2^2)y + \cdots + (u_n^2)y} \tag{11-3}$$

当各不确定度分量之间存在相关性时,在合成时可能会相互抵消(负相关),但也可能彼此增强(正相关)。

(1)对于正相关的不确定度分量,在大多数的检测情况下,可以简单地采用代数相加的方法进行合成。可能会存在某些要求比较高的特殊情况,这时可以参照校准结果的测量不确定度评定,采用更严格的数学方法来处理相关性。

(2)对于负相关的不确定度分量,除非已知相关系数接近于 -1,否则可以忽略其相关性。当相关系数接近于 -1 时,两者接近于相互抵消,因而它们的合成不确定度等于两者之差的绝对值。

对于大部分的检测项目,可以比较容易地确定所有需要考虑的测量不确定度来源以及它们之间的相关性。但有些检测项目的不确定度来源可能较多,并且很难直接发现这些不确定度来源之间的相关性,例如大多数的化学分析项目。这时采用"因果关系图"可以非常方便地给出不确定度来源的汇总表,它可以表明这些不确定度来源之间如何相关的,并指出它们对检测结果不确定度的影响。同时也有助于避免重复计算不确定度来源。

当测量模型为非线性模型时,原则上在进行合成时应考虑高阶项。是否要考虑高阶项的依据是与一阶项相比其高阶项能否忽略。除了精密长度测量以外，在检测结果的不确定度评定中，一般很少出现需要考虑高阶项的场合。

11.3.5　扩展不确定度

扩展不确定度有两种表示方式：U_p 和 U。

扩展不确定度 U_p 表示对应于包含概率为 p 的扩展不确定度，此时包含因子 k_p 的数值与被测量的分布有关。p 一般取 95%，若取其他概率，必须说明所依据的技术文件。

扩展不确定度 U 表示对应于规定包含因子 k 的扩展不确定度，此时包含因子 k 的数值是直接取定的（通常取 $k=2$），对应的包含概率 p 将与被测量的分布有关。

（1）对于大多数的检测结果，可以简单地取包含因子 $k=2$，此时扩展不确定度可以表示为

$$U=2u_\mathrm{c}, \quad k=2 \tag{11-4}$$

（2）对于要求较高的检测结果，也可以和校准结果的不确定度评定一样，给出测量结果的扩展不确定度 U_p，此时除了在下角标位置具体标明包含概率 p 的数值外，还应给出包含因子 k_p 的数值。若被测量接近于某种非正态分布，则还应明确指出属于何种分布。

11.4　检测方法的开发和确认、实验研究及计量溯源性

11.4.1　检测方法的开发和确认

对于日常检测中所用的检测方法需要进行确认，以确定该检测方法对于解决相应检测任务的适用性。这种确认研究除了应该给出有关检测方法的总体性能外，还应该定量给出每一个影响因素（影响量）对检测结果的影响大小。在日常检测中，可以利用这些由确认研究中得到的数据来评估采用该方法时所得到的检测结果的不确定度。

对于某些检测项目，如果对检测的原理和不确定度来源了解得很清楚，也就是说可以得到有明确函数关系的测量模型，此时对于检测方法的确认可以直接按照 GUM 所规定的不确定度评定方法进行，而无须再对检测方法进行其他的确认研究。

如果对检测的原理和不确定度来源了解得不甚清楚，或者说无法得到有明确函数关系的测量模型，则为了使不确定度评定更为合理，必须对检测方法进行专

门的确认研究。

对于某些检测项目，其检测结果与所采用的检测方法有关。此时利用对检测方法的确认研究中得到的数据评估得到的检测结果的不确定度，是指采用该规定的检测方法所得到的检测结果的不确定度。它只包括由于测量条件偏离了检测方法所规定的条件而对检测结果的影响，其中不包括检测方法本身对检测结果的影响。

1. 总体性能参数

检测方法的确认研究首先要决定需要对哪些总体性能参数进行研究并确定。这些参数通常在检测方法开发过程中，以及在实验室间的协同研究中得到，或者是由实验室内部确认方案中得到。至于每一个具体的误差或不确定度来源，只有当它们对检测结果的影响与检测方法的总体精密度相比较为显著时才加以研究，并且研究的重点是对这些不确定度来源进行识别，并尽可能降低或消除它们的显著影响，而不是对它们进行修正。于是大部分潜在的比较重要的影响因素都已经被识别，并且已通过与总体精密度相比较获知其影响的显著性，并确定这些因素是否可以忽略。在这种情况下，可以得到的数据和信息主要包括检测方法的总体性能数据，已经证明对检测结果无显著影响的有关影响量的数据，以及残留的对检测结果有显著影响的有关影响量的数据。

对于检测方法的确认研究，通常需要确定下述部分或全部总体性能参数：

1）精密度

用来定量表示精密度的主要术语是重复性标准偏差 S_r，复现性标准偏差 S_R 以及期间精密度（常用符号 S_{zi} 表示期间精密度，其中 i 表示变化因素的个数）。

重复性标准偏差 S_r 是指在同一实验室内，用同一测量设备，由同一操作人员，并在短时间内观测到的检测结果的变动性。S_r 的数值可以由一个实验室内的研究确定，也可以由实验室间的研究确定。

特定检测方法的实验室之间的复现性标准偏差 S_R 通常由实验室之间的研究直接确定，它表示在不同的实验室检测同一个样品所得到的检测结果的变动性。

期间精密度则是指在同一实验室中当一个或几个因素（例如时间、设备操作人员等）发生改变时观测到的检测结果的变动性。期间精密度的数值大小取决于在观测中哪些因素保持不变，也就是说取决于期间精密度的测量条件。期间精密度一般是由实验室内的研究确定的，但也可以由实验室之间的研究确定。

精密度的定量测量实际上取决于规定的测量条件，所谓的重复性条件和复现性条件实际上是一组规定的极端条件。或者说，重复性标准偏差 S_r 和复现性标准偏差 S_R 分别是期间精密度 S_{zi} 的两种极端情况。

检测程序所观测到的精密度，无论是由各独立分量的方差合成得到的或是通过对整个操作方法进行研究而确定的，都是检测结果的不确定度的一项基本分量。

精密度实际上是表示测量中各种随机效应对测量结果影响的大小。

2）偏移

检测方法的偏移通常是通过对相关标准物质的研究而确定的。测定相对于相关标准物质的参考值的偏移，对于将检测结果溯源到公认的计量标准来说是十分重要的。同时还应指出所得到的检测方法的偏移是否可以被忽略或者是否需要进行修正。但无论属于哪种情况，与检测方法的偏移测定相关的不确定度始终是检测结果不确定度的一项基本分量。

检测方法的偏移实际上是表示测量中各种系统效应对测量结果影响的大小。

3）线性

当检测方法可以测量在某一范围内的数值时，线性是测量方法的一个重要特性。线性一般并不定量地表示，而是通过对线性进行检验或采用非线性显著性试验来进行检查。显著的非线性通常要用非线性校准函数来加以修正，或通过更严格地限制测量范围而加以消除。残余的相对于线性的偏差则通常在测量范围内若干测量点的总精密度评估中，或在与校准有关的不确定度中予以充分考虑。

检测方法的线性实际上是表示可能存在的随被测量量值而变化的系统误差。

4）抗变度（有时也称为稳健性）

很多检测方法的开发和确认方案要求直接研究检测结果相对于特定参数的灵敏度。这通常由预先进行的"抗变试验"来完成。在抗变试验中观测一个或多个参数改变时对检测结果的影响，如果相对于抗变试验的精密度而言某个数的影响比较显著，就需要进行进一步的详细研究并测量出其影响的大小，并据此确定该参数的允许变化范围。因为抗变试验的资料提供了关于重要参数对检测结果影响的信息。

5）检出限

在化学分析领域，需要确认的总体性能参数可能还包括检出限。在检测方法确认中，检出限的确认只是为了给出检测方法测量范围的下限。当被测量值接近于检出限时的测量不确定度评估应该特别小心地进行，有时可能还要给予特别的处理。检出限有时由检测方法确定，但也可能由检测的应用目的所确定。无论检出限是如何确定的，它与测量不确定度的评估没有直接关系。

6）干扰物的影响

在化学分析领域的方法确认中，有时还需要研究被检测样品中可能存在的干扰物对测量结果的影响。通常在被测样品中加入可能的干扰物，并观测它对检测结果的影响。一般希望能够证明该可能的干扰物对检测结果没有显著的影响。从这类研究可以得到检测结果随干扰物浓度的变化，因此当已知干扰物的浓度在某一范围内时，就可以由此估计出由该干扰物所引入的不确定度分量。

对于某些检测项目来说，可能并不是所有有能力进行检测的机构都有条件进行检测方法的确认研究，也许只有个别技术能力比较强的检测机构，并且往往是检测方法的标准制定者才能对检测方法的总体性能和各影响量对检测结果的影响大小进行比较全面的实验研究。此时无条件进行确认研究的检测机构可以采用下述方法进行测量不确定度评定：

（1）直接采用其他实验室由确认研究所得到的资料和数据进行测量不确定度评定；

（2）如果经过确认的检测方法已被国家标准或其他类似的技术文件采用，并且在这些技术文件中给出了规定测量条件下两次测量结果之差的重复性限 r 或复现性限 R，在没有其他特殊说明的情况下，可以直接根据规定的重复性限 r 或复现性限 R 得到重复性标准偏差 S_r 或复现性标准偏差 S_R：

$$S_r = \frac{r}{2.83}, \quad S_R = \frac{R}{2.83}$$

（3）对于在其规定的适用范围内使用的检测方法，如果已经表明所有已经被识别的不确定度来源都已经包含在确认检测方法的研究中，或者所有其余的不确定度分量都可以被忽略，则就可以用复现性标准偏差 S_R 作为合成标准不确定度。

（4）如果有任何重要的不确定度来源没有包含在检测方法确认的研究中，那就必须单独对该不确定度分量进行评估，并且与复现性标准偏差 S_R 合成得到合成标准不确定度。

2. 其他不确定度来源

大部分的不确定度来源在检测方法的确认研究中，或在核查检测方法总体性能的其他实验中多半已经进行过探讨，但得到的资料也许不足以用来评定所有的不确定度分量，为了对这些不确定度分量进行评估，也许还要做进一步的工作。

可能需要做特别考虑的不确定度来源有：

1）采样

合作研究很少包括采样这一步骤。如果内部所用的方法包括二次采样，或者被测量是根据小量采样来评估的整批样品的特性，那就应该研究采样对检测结果的影响，并且在不确定度评定中应该包括这些影响。

2）预处理

必须对内部的特定预处理程序进行研究，并考虑它们对测量不确定度的影响。

3）检测方法的偏移

常常在进行实验室间的比对研究之前或在比对中进行检测方法偏移的检验，在这种情况下有可能采用与参考方法或参考物质进行比较的方法。当偏移值本身、所用参考值的不确定度以及核查该偏移时的精密度都比 S_R 小的情况下，就不需要为此考虑附加的允差，否则就必须要考虑附加允差。

4）检测条件的变化

参与研究的实验室，其实验条件有可能趋向于允许范围的中间值，其后果是低估了在方法限定的测量条件下可能的检测结果分布范围。如果对这种影响进行了研究，并且表明相对于整个允许范围而言其影响甚微，那就不必再考虑附加允差。

5）样品类型的变化

当样品的性质超出所研究的范围时，必须考虑由此而引起的测量不确定度。

对于现有资料无法包含的不确定度来源，就要从文献或技术文件（证书、测量设备的说明书等）中去寻找补充的信息，或者安排附加的实验来获取所需要的补充资料。附加实验可以针对某一特定的不确定度来源进行专门的研究，或采用在检测方法性能研究中常用的方法，确保所有重要的不确定度来源有代表性的变化。

3. 前期研究结果的利用

为了利用检测方法的前期研究结果来评定不确定度，必须证明这些初步研究结果的有效性。一般而言，这需要证明可以得到与前期研究结果类似的精密度，并且还要证明采用以前得到的偏移数据是正确的，这通常可以通过采用符合要求的成熟方案来测量相对于适当参考物质的偏移，或与其他实验室进行比对来证明。只有在符合以上条件的情况下，并且在检测方法的适用范围和应用领域中，则在前期研究以及在方法确认中所得到的数据就可以直接用于测量不确定度评定。

11.4.2 检测方法总体性能的实验研究

由于检测方法总体性能研究的结果将与不确定度评估有关，因此在确定所做的实验研究时，下述一些主要原则是必须遵循的。

1. 代表性

"代表性"是最重要的基本原则之一，也就是说所做的实验研究应该符合常规使用该检测方法时的实际情况。实验研究时的条件应该能尽可能地与常规使用该检测方法的条件相一致，其中包括影响量数目、影响量的变化范围、检测方法的测量范围以及被检样品的类型等。有些影响因素在精密度实验中已经进行了研究，它们对检测结果的影响已经直接反映在观测结果的方差中，因此就不需要再做补充的研究，除非需要对检测方法做进一步的改进。

在进行检测方法的总体实验研究时，每一个需要进行研究的影响量的变化范围应该具有代表性。所谓"代表性变化"是指每一个影响量必须被看作为一个与该参数的不确定度相应的数值分布。对于连续型的影响量，这可以是该影响量的允许变化范围，或所述的不确定度。对于非连续型的影响量，例如样品类型，这时"变化范围"就成为在常规使用该检测方法时所允许的或可能遇到的样品类型的变化。因此"代表性"不仅指影响量量值的变化范围，同时也包括量值的分布。

2. 影响因素的选择

在进行期间精密度的实验研究时，需要确定哪些影响因素需要改变。影响因素选择的原则是必须确保尽可能改变那些影响较大的影响量。例如，如果不同天之间得到的检测结果的变化要大于重复性时，则从检测方法的角度来说，在 10 天内每天测量 1 次要优于 5 天中每天测量 2 次，同样后者又优于 2 天中每天测量 5 次。因为第一种方法得到的期间精密度更能反映对检测结果的实际影响。

3. 影响量之间的相关性

为得到检测结果，需要读取各影响量的估计值。由于各影响量之间可能存在相关性，在获取这些影响量的数据时，尽可能采用随机选取的方式以避免进行烦琐的相关性处理。因此在进行数据处理时随机方式获取的数据将比用系统方式获取的数据更为简单。用随机方式获取的数据只需简单地计算实验标准偏差，但这种选取数据的方式效率较低，即与系统获取数据相比，为达到相同的测量准确程度，需要进行更多次的重复测量。

若已知或怀疑某些影响量之间可能存在相关性，在获取这些可能相关的影响量的数据时，重要的是要确保必须考虑到这些相关性的影响。为此有两种方法可以采用，确保这些相关影响量数值的随机选取，以消除相关性对检测结果的影响，或设法通过仔细的实验测量以从实验结果计算它们的方差和协方差，并在合成方差表示式中计入与协方差有关的项。由于前一种方法比较简单，因此在检测中只要有可能应该尽量采用。

4. 选取合适的标准物质

在进行检测方法总体偏移的实验研究中，重要的是所选用的标准物质及其量值要与常规检测的材料相适应。

11.4.3　检测方法的计量溯源性

所谓计量溯源性是指通过一条具有规定不确定度的不间断的比较链，使测量结果或测量标准的值能够与规定的参考标准，通常是国家测量标准或国际测量标准联系起来的特性。这条不间断的比较链称为溯源链。所谓不间断是指测量不确定度的不间断。

为了能对来自不同实验室的测量结果或同一实验室不同时期得到的测量结果进行有意义的比较，必须确保所采用的检测方法具有溯源性。理想的情况是建立能够溯源到国家基准或国际基准的校准溯源链。

为了获得或控制检测结果，检测过程中往往有许多中间量（例如影响量）需要进行测量。不仅对检测结果要求具有溯源性，对所有中间量的测量均应具有溯源性。这将有助于达到不同测量结果之间（同一实验室或不同实验室）的一致性。

由于不同检测结果之间的一致性在一定程度上会受到测量不确定度的影响，或者说其一致程度将受到不确定度的限制，因此溯源性将与测量不确定度密切相关。

检测结果的溯源性可以通过采用下述一种或几种方法来建立：

（1）使用具有溯源性的标准来校准测量仪器。

在任何情况下，无论是用于直接测量被测量所用的仪器，或是用于控制影响量所用的测量仪器，它们的校准都必须能溯源到适当的测量标准或基准。

（2）采用基准方法进行测量，或将检测结果与使用基准方法的检测结果进行比较。

所谓基准方法是指具有最高计量学特性，并且可以直接溯源到国际单位制单位基准的测量方法。将所使用的检测方法直接与用基准方法得到的结果相比较即可以建立溯源性。

（3）使用有证标准物质进行测量。

对有证标准物质进行测量，并将检测结果与有证标准物质的数值进行比较，即可以证明其溯源性。

（4）使用公认的，并有严格规定的测量程序。

通过采用对测量条件有严格规定的并且被普遍接受的检测方法，可以使检测结果获得适当的可比性。这种方法通常是一种经验方法，是为了使测量结果可以相互比较而一致同意使用的方法。其特征是被测量的数值与测量方法有关。在这种情况下规定不考虑检测方法本身的不确定度，需要考虑的是与各影响量的估计值与规定条件的偏差所引入的测量不确定度分量。需要对这些不确定度分量进行评估，或证明这些分量可以被忽略。

11.5 检测结果的表示

在给出检测结果的同时给出检测结果的扩展不确定度。除非用户另有要求或有关标准中另有规定，一般均应给出对应包含概率约为95%的扩展不确定度。

在检测结果的报告中，除给出检测结果及其扩展不确定度外，还应加上对该不确定度的陈述，例如可以作如下的陈述："根据报告的扩展不确定度是由合成标准不确定度乘以包含因子 $k=2$ 得到的，对应的包含概率约为95%。"

由于在评估测量不确定度的过程中通常都作了许多假设和估计，因此检测报告中给出的扩展不确定度的有效数字一般仅取1位或2位。当第一位数字较小时，建议取两位有效数字，以免可能引入过大的修约误差，扩展不确定度的有效数字位数确定后，检测结果的末位应与扩展不确定度的末位对齐。

在检测结果和不确定度报告中要给出多少信息，原则上取决于用户的要求或对检测结果的预期用途或两者兼顾。总的原则是应该提供尽可能多的信息，以免用户对所给的检测结果及其不确定度有任何误解。即使有些信息在给用户的报告没有提及，也应该在另外的报告中，或在检测记录中记录下列信息：

（1）用以计算检测结果及评估测量不确定度的方法。

（2）以文件形式列出各不确定度分量的数值及它们的估算方法。也就是说，应记录下分量估算中所用的数据来源和所作的假设。

（3）关于数据分析和计算过程的文件，以备必要时可以独立重复计算。

（4）所有在计算检测结果和评估不确定度中用的修正值和常数以及它们的来源。

在某些特殊情况下，可能已知某一特定因素或若干个因素会对测量结果有影响，但对这些因素的影响大小既无法通过实验测定，又无法根据理论和实际经验进行合理的估计。也就是说，在该检测结果的测量不确定度评定中不可能包含这些分量。此时在对评定得到的测量不确定度作总结性的陈述时，必须如实予以说明。例如，结果报告可以叙述为："报告的扩展不确定度是由包含因子 $k=2$ 乘以合成标准不确定度得到的，对应的包含概率约为95%，但其中并未考虑……因素对测量结果的影响。"

11.6　检测结果与符合性报告

　　验收是测量的主要目的之一，结构可靠性管理过程中，涉及大量的质量验收问题，如钢材的进场检验、钢筋保护层厚度检测、混凝土强度实体检验等。用于质量验收的检测报告，不仅需要提供具体的检测数据，还需要声明检测结果是否符合产品质量标准或验收规范的要求。

　　由于测量结果必然存在不确定度，在很多情况下会对符合性声明造成影响，如图 11-1 所示。

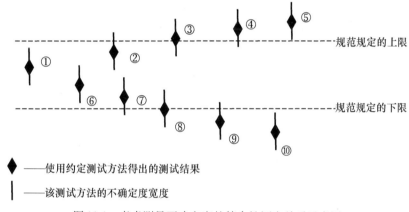

　　◆——使用约定测试方法得出的测试结果

　　▎——该测试方法的不确定度宽度

图 11-1　考虑测量不确定度的符合性评定关系示意图

　　根据产品质量标准或验收规范的不同要求，根据测试结果作出符合性声明有以下几种情况：

　　（1）当规范清楚地表明测试结果经在给定的置信水平下的不确定度扩展后不应超过某个限值或在多个规定的限值内，对于图 11 - 1 中①、⑥情况，可以做出符合评定；对于图 11 - 1 中⑤、⑩情况，可以做出不符合评定。

　　这种情况下做出符合性判定比较直观，但我国现行的产品标准和验收规范做出上述规定的情况较少，实际应用的案例不多。

　　（2）规范要求检测报告做出符合性声明，但没有指明进行符合性评价时应考虑的不确定度影响。在这种情况下，当用户与实验室之间的协议或实施准则或规范中已声明符合性判断时，可以忽略不确定度的影响，根据测试结果是否在规定限值范围内做出符合性判断。这就是所谓的"风险共享"。

　　我国大部分现行的产品标准和验收规范都是采取上述规定，例如楼板钢筋保护层厚度检测时，当设计值为 20mm 时，只要检测结果在 15 ~ 33mm 之内就可判定测点位置的钢筋保护层厚度，否则，判定为不合格。由于未考虑测量不确定度的影响，由此做出的判断有时会出现争议。

（3）当没有相应的规范、实施准则或用户要求时，可采用下列方式：

①当测试结果以95%置信概率延伸不确定度半宽度后仍不超过规定限值时，可以声明符合规范要求（图11-1中的①、⑥情况）。

②当测试结果以95%置信概率向下延伸不确定度半宽度后仍超过规定上限值时，可以声明不符合规范要求（图11-1中的⑤情况）。

③当测试结果以95%置信概率向上延伸不确定度半宽度后仍低于规定下限值时，可以声明不符合规范要求（图11-1中的⑩情况）。

④当测得的单一值非常接近限值，经不确定度扩展后与限值逆交（图11-1中的②、⑦、④、⑨情况），且不可能对同一产品单元的多个样本进行再次检测时，在95%置信水平上不能确定是否符合规范规定，报告中应给出测试结果与扩展不确定度，并声明无法证实符合或不符合规范。适当的陈述方式如下："测试结果高于（低于）规定值的部分小于测量不确定度，在95%置信水平上无法声明符合或不符合规范规定。但在置信水平小于95%时，则可能做出符合或不符合规范的声明。"

如果必须做出符合或不符合规范的声明，对于图11-1中的②、①情况，可以声明符合规范要求（置信水平小于95%）；对于图11-1中的④、⑨情况，可以声明不符合规范要求（置信水平小于95%）。

有可能对同一产品单元的多个样本进行再次检测时，建议做重复测试。估算出所有测试结果的平均值和该平均值的不确定度，然后按上述方式做出相应的判断。

第 12 章　测量结果的报告形式

12.1　测量结果的报告

12.1.1　测量结果的报告

完整的测量结果应报告被测量的估计值及其测量不确定度以及有关的信息。报告尽可能详细，以便使用者可以正确地利用测量结果。

例如对某个电阻器的电阻值进行校准，在校准证书上给出电阻的校准值，同时还应该给出该校准值的扩展不确定度并注明包含因子的值。当人们在测量中使用了该已校准的电阻器时，校准值的不确定度成为其测得值的测量不确定度的一个分量，由该校准值的扩展不确定度除以包含因子可以导出其标准不确定度的值。如果只给了扩展不确定度，但没有给出包含因子，那么由于信息不全，会导致其标准不确定度的评定发生困难。

只有对某些用途，如果认为测量不确定度可以忽略不计时，测量结果可表示为单个测得值，不需要报告其测量不确定度。在日常大量测量中，有时给出的测量结果可以没有明确的不确定度报告。但需要时，可以根据所用的测量器具的技术指标及测量方法和测量程序估计出这种测量结果的测量不确定度。例如在商店买500g商品，通常情况下人们并不报告测量不确定度。但是当你怀疑其缺斤短两时，你可以由所用的秤估计其测量不确定度，然后到公平秤去再称量，如果称量结果大大超出测量不确定度所包含的范围，就可以与商家论理或要求赔偿。

12.1.2　什么时候使用合成标准不确定度

当报告测量结果时，通常在以下几种情况时报告合成标准不确定度：

（1）基础计量学研究；

（2）基本物理常量测量；

（3）复现国际单位制单位的国际比对。

合成标准不确定度可以表示测得值的分散性大小，便于测量结果间的比较。

例如铯频率基准、约瑟夫森电压基准等基准所复现的量值，属于基础计量学研究的结果，它们的不确定度通常使用合成标准不确定度表示。

1986年CIPM（国际计量大会）决议要求所有参加由CIPM及其咨询委员会主持的国际比对的国家，给出测量结果时使用合成标准不确定度。但现在某些国际比对，根据有关国际规定，亦可能采用$k=2$的扩展不确定度。

12.1.3　什么时候使用扩展不确定度

除上述规定或有关各方约定采用合成标准不确定度外，通常在报告测量结果时都用扩展不确定度表示。尤其工业、商业及涉及健康和安全方面的测量时，如果没有特殊要求，一般报告扩展不确定度U，取$k=2$。因为扩展不确定度可以表明被测量的值所在的区间以及在此区间内的可信程度（用包含概率表示），它比较符合人们的习惯用法。

12.1.4　测量不确定度报告的内容

测量不确定度报告一般包括以下内容：

（1）被测量的测量模型；

（2）不确定度来源；

（3）各输入量的标准不确定度$u(x_i)$的值及其评定方法和评定过程；

（4）灵敏系数$c_i=\dfrac{\partial f}{\partial x_i}$；

（5）输出量的不确定度分量$u_i(y)=|c_i|u(x_i)$，必要时给出各分量的自由度v_i；

（6）对所有相关的输入量给出其协方差或相关系数；

（7）合成标准不确定度u_c及其计算过程，必要时给出有效自由度v_{eff}；

（8）扩展不确定度U或U_p及其确定方法；

（9）报告测量结果，包括被测量的估计值及其测量不确定度以及必要的信息。给出测量不确定度报告时，为了便于查阅，通常除文字说明外还将上述主要内容和数据列成表格。

12.2　合成标准不确定度的报告要求及形式

12.2.1 合成标准不确定度的报告要求

当测量结果用合成标准不确定度报告时，应：

（1）明确说明被测量 Y 的定义；

（2）给出被测量 Y 的估计值 y 和合成标准不确定度 $u_c(y)$ 及其计量单位，必要时还应给出其有效自由度 v_{eff}；

（3）必要时也可给出相对合成标准不确定度 $v_{eff}(y)$。

12.2.2　合成标准不确定度的报告形式

例如，标准砝码的质量为 m_s，被测量估计值为 100.02147g，合成标准不确定度 $u_c(m_s)$ 为 0.35mg，则报告形式可用以下 3 种形式之一：

（1）$m_s = 100.02147g$；$u_c(m_s) = 0.35mg$。

（2）$m_s = 100.02147$（35）g；括号内的数是合成标准不确定度，其末位与前面被测量估计值的末位数对齐。这种形式主要在公布常数或常量时使用。

（3）$m_s = 100.02147$（0.00035）g；括号内的数是合成标准不确定度，与前面被测量估计值有相同计量单位。

JJF 1059.1—2012 中指出，为了避免与扩展不确定度混淆，规范不使用 $m_s =$（100.02147 ± 0.00035）g 的形式表示被测量估计值及其合成标准不确定度，因为这种形式习惯上用于表示由扩展不确定度确定的一个包含区间。

12.3　扩展不确定度的报告要求及形式

12.3.1　扩展不确定度的报告要求

当测量结果用扩展不确定度报告时，应：

（1）明确说明被测量 Y 的定义；

（2）给出被测量 Y 的估计值 y 及其扩展不确定度 $U(y)$ 或 $U_p(y)$，包括计量单位；

（3）必要时可给出相对扩展不确定度 $U_{rel}(y)$ 或 $U_{prel}(y)$；

（4）对 U 应给出 k 值，对 U_p 应给出 p 和 v_{eff}。

12.3.2　扩展不确定度的报告形式

例如，标准砝码的质量为 m_s，被测量估计值为 100.02147g，合成标准不确定度 $u_c(m_s)$ 为 0.35mg，取包含因子 $k = 2$，$U = ku_c(y) = 2 \times 0.35mg = 0.70mg$。$U$ 可用以下 4 种形式之一报告：

（1）$m_s = 100.02147g$；$U = 0.70mg$，$k = 2$。

（2）$m_s =$（100.02147 ± 0.00070）g；$k = 2$。

（3） $m_s = 100.02147$ （70） g；括号内为 $k = 2$ 的 U 值，其末位与前面被测量估计值的末位数对齐。

（4） $m_s = 100.02147$ （0.00070） g；括号内为 $k = 2$ 的 U 值，其末位与前面被测量估计值有相同的计量单位。

12.3.3　扩展不确定度 U_p 的报告形式

例如：标准砝码的质量为 m_s，被测量估计值为 100.02147g，合成标准不确定度 $u_c(m_s)$ 为 0.35mg，$v_{eff} = 9$，按 $p = 95\%$，查 t 值表得 $k_p = t_{95}(9) = 2.26$，$U_{95} = 2.26 \times 0.35mg = 0.79mg$。则 U_p 可用以下 4 种形式之一报告：

（1） $m_s = 100.02147g$；$U_{95} = 0.79mg$，$v_{eff} = 9$。

（2） $m_s = $ （100.02147 ± 0.00079） g，$v_{eff} = 9$。括号内第二项为 U_{95} 的值。

（3） $m_s = 100.02147$ （79） g，$v_{eff} = 9$，括号内为 U_{95} 的值，其末位与前面被测量估计值的末位数对齐。

（4） $m_s = 100.02147$ （0.00079） g，$v_{eff} = 9$，括号内为 U_{95} 的值，与前面被测量估计值有相同的计量单位。

在给出被测量估计值及其扩展不确定度 U_p 时，为了明确起见，推荐以下说明方式。例如：$m_s = $ （100.02147 ± 0.00079）g，式中，正负号后的值为扩展不确定度 $U_{95} = k_{95}u_c$，而合成标准不确定度 $u_c(m_s) = 0.35mg$，自由度 $v_{eff} = 9$，包含因子 $k_p = t_{95}(9) = 2.26$，从而具有包含概率为 95% 的包含区间。

12.3.4　相对扩展不确定度的报告形式

相对扩展不确定度的报告有以下几种形式：

（1） $m_s = 100.02147g$；$U = 7.0 \times 10^{-6}$，$k = 2$。

（2） $m_s = 100.02147g$；$U_{95rel} = 7.9 \times 10^{-6}$，$k_p = t_{95}(9) = 2.26$。

（3） $m_s = 100.02147(1 \pm 7.0 \times 10^{-6})g$；括号内第二项为相对扩展不确定度 U_{rel} 的值。

尤其要注意不能把相对扩展不确定度报告成：$m_s = 100.02147 \pm 7.9 \times 10^{-6}g$。

相对扩展不确定度通常用下标 r 或 rel 表示。有些情况，被测量本身就是比值（无量纲的量），则其相对标准不确定度必须注以下标。

12.4　被测量估计值及其测量不确定度的有效位数

测量结果的完整表达包括被测量的最佳估计值和它的不确定度，无论是测量不确定度还是最佳估计值都不应该给出过多的位数。

12.4.1 测量结果最终报告时有效位数的要求

（1）通常最终报告的不确定度 U 或 $u_c(y)$ 根据需要取一位或两位有效数字。也就是说，不确定度最多有两位有效数字。例如，国际上 1992 年公布的相对原子质量，给出的不确定度只有一位有效数字，1996 年公布的物理常量，给出的不确定度均是两位有效数字。

通常，当 $u_c(y)$ 和 U 的有效数字的首位为 1 或 2 时，一般应给出两位有效数字。有效位数取一位还是两位，主要取决于近似值误差限的绝对值占不确定度的比率大小。近似值误差限的绝对值是有效数字末位单位量值的一半。例如：$U=0.1mm$，则误差限为 $\pm0.05mm$，误差限的绝对值占不确定度的比率为 50%；而取两位有小数字 $U=0.12mm$，则误差限为 $\pm0.005mm$，误差限的绝对值占不确定度的比率仅为 4.2%。当 $U=0.3mm$，虽然误差限仍为 $\pm0.05mm$，误差限的绝对值占不确定度的比率约为 17%。所以首位为 1 或 2 时，如 $U=0.1mm$ 或 $0.2mm$，通常应给出两位有效数字，如 $U=0.12mm$ 或 $0.21mm$。

为了在连续计算中避免修约误差导致不确定度，评定过程中的各标准不确定度 $u(x_i)$ 或标准不确定度分量 $u_i(y)$，可以适当多保留些位数。

（2）在相同计量单位下，被测量的估计值应修约到其末位与不确定度的末位一致。

12.4.2 什么是有效数字

用近似值表示一个量值时，通常规定：近似误差的绝对值不超过末位单位量值的一半，则该量值的从其第一个不是零的数字起到最末一位数的全部数字称为有效数字。例如 3.14 意味着误差不超过 ±0.005，而 3.1415 意味着误差不超过 ±0.00005。前者为 3 位有效数字，后者为 5 位有效数字。又如：$3\times10^{-6}Hz$，是一位有效数字，其误差不超过 $\pm0.5\times10^{-6}Hz$。值得注意的是，数字左边的 0 不是有效数字，数字中间的 0 和数字右边的 0 是有效数字。例如 3.8600 为五位有效数字，0.0038 为两位有效数字，1002 为 4 位有效数字。

12.4.3 通用的数字修约规则

把数据中多余的数字去除，称为修约。

通用的修约规则为：以保留数字的末位为单位，末位后的数字大于 0.5 者末位进一；末位后的数字小于 0.5 者末位不变（即舍弃末位后的数字）；末位后的数字恰为 0.5 者，使末位为偶数（即当末位为奇数时，末位进一，当末位为偶数时，末位不变）。我们可以简捷地记成："四舍六入，逢五取偶"。

12.4.4　测量不确定度的位数修约举例

测量不确定度 U 或 $u_c(y)$ 取 $1\sim2$ 位有效数字。

（1）按通用规则将多余的数字修约，如：

$u_c=0.568\text{mV}$ 应写成 $u_c=0.57\text{mV}$ 或 $u_c=0.6\text{mV}$；

$u_c=0.561\text{mV}$ 取两位有效数字，应写成 $u_c=0.56\text{mV}$；

$U=10.5\text{nm}$ 取两位有效数字，应写成 $U=10\text{nm}$；

$U=10.5001\text{nm}$ 取两位有效数字，应写成 $U=11\text{nm}$；

$U=11.5\times10^{-5}$ 取两位有效数字，应写成 $U=12\times10^{-5}$；取一位有效数字，应写成 $U=1\times10^{-4}$；

$U=1235687\mu\text{A}$，取一位有效数字，应写成 $U=1\times10^{6}\mu\text{A}=1\text{A}$。

注意：不可连续修约。例如：要将 7.691499 修约到四位有效数字，应一次修约为 7.691。若采取 $7.691499\rightarrow7.6915\rightarrow7.692$ 是不对的。

（2）为了保险起见，也可将不确定度的末位后的数字全都进位而不是舍去。例如：$u_c=10.27\text{m}\Omega$，报告时取两位有效数字，为保险起见可取 $u_c=11\text{m}\Omega$。

12.4.5　被测量估计值的位数修约举例

被测量估计值的末位应修约到与其测量不确定度的末位对齐，即在同样计量单位情况下，如果有小数点则小数点后的位数一样，如果是整数，则末位一致。

例如：$y=10.05762\Omega$，$U=27\text{m}\Omega$，报告时由于 $U=0.027\Omega$，则 y 应修约到 10.058Ω。

$y=6.3250\text{g}$，$u_c=0.25\text{g}$，应写成 $y=6.32\text{g}$，$u_c=0.25\text{g}$；

$y=1039.56\text{mV}$，$U=10\text{mV}$，应写成 $y=1040\text{mV}$，$U=10\text{mV}$；

$y=1.50005\text{ms}$，$U=10015\text{ns}$；首先将 y 和 U 变换成相同的单位 μs，然后对 $U=10.015\mu\text{s}$ 修约，取两位有效数字为 $U=10\mu\text{s}$，然后对 $y=1500.05\mu\text{s}$ 修约，使其末位与 U 的末位相对齐为 $y=1500\mu\text{s}$。则测量结果为 $y\pm U=1500\mu\text{s}\pm10\mu\text{s}$。

当被测量估计值的位数不够而无法与不确定度对齐时，一般是采取补零后再对齐。例如：$y=6.3\text{g}$，$U=0.25\text{g}$，则被测量估计值的最后一位后应补零，写成 $y=6.30\text{g}$，$U=0.25\text{g}$。

12.4.6　计算过程中的数字位数

在计算过程中，为避免因过多舍入而引入不确定度，应比最终报告的结果多保留几位数字。如果相关系数的绝对值接近 1，则相关系数应有三位有效数字。

运算的规则为：

1. 加减运算

加减运算时以小数点后位数最少的一项为参考，凡是小数点后面位数比它多的均可修约到与该项相同，然后再进行加减运算；其计算结果的有效数字中小数点的位数应与被加（减）数中小数点后面位数最少的一项相同。

例如：$10.2838 + 15.01 + 8.69572 = 33.98952$ 修约后为 33.99；由于小数点后位数最少的一项为 15.01，其小数点后是两位，所以，每项先修约到小数点后两位，然后计算：$10.28 + 15.01 + 8.70 = 33.99$，计算结果小数点后取两位。

2. 乘除运算

乘除运算时以有效数字位数最少的一项为参考，凡是有效数字位数比它多的其他项均可修约到与该项相同，然后再进行运算：其计算结果的有效数字位数应与有效位数最少的项相同。

例如：$517.43 \times 0.279/4.082 = 35.4$；有效数字位数最少的是 0.279，有三位有效数字，将每一项均修约到三位有效数字，然后计算：$517 \times 0.279/4.08 = 35.4$，计算结果取三位有效数字。

3. 乘方与开方运算

乘方运算结果的有效数字应比原数据多保留一位有效数字。

例如：$(25.8)^2 = 665.6$（原来是三位有效数字，平方后应取四位有效数字）

$\sqrt{4.8} = 2.19$

$(77.7)^2 = 6037$

$\sqrt{0.04} = 0.20$（原来是一位有效数字，开方后应取两位有效数字）

4. 对数运算

对数运算结果的有效数字位数应与原数据有效数字位数相同。

例如：$\lg 2.00 = 0.301$（取对数前和取对数后均为三位有效数字）

$\ln 106 = 4.66$

12.5   符号的正确书写

（1）测量不确定度的符号应正确书写。

①不确定度的符号应该用斜体。计量单位的符号是正体。

例如：$u_c = 0.1 \text{mm}$，$U_{rel} = 1\%$。

②凡是表示标准不确定度，符号都是小写，需要区分时按规定加下标：

标准不确定度 u；

标准不确定度分量 u_i；

合成标准不确定度 u_c，$u_c(y)$。

③扩展不确定度的符号用大写：U，U_p

④包含因子的符号用小写：k，k_p

⑤其他：

概率或包含概率的符号用小写 p；

区间半宽度 a；

自由度 v；有效自由度 v_{eff}；

相关系数估计值 $r(x_i,x_j)$；协方差估计值 $s(x_i,x_j)$，$u(x_i,x_j)$。

（2）相对不确定度的表示可以加下标 r 或 rel。

相对标准不确定度：u_r 或 u_{rel}

相对合成标准不确定度：u_{cr} 或 u_{crel}

相对扩展不确定度：U_r 或 U_{rel}

在许多用户对合成标准不确定度与扩展不确定度这些术语还不太熟悉的情况下，必要时在技术报告或科技文章中报告测量结果及其不确定度时可作如下说明：例如"合成标准不确定度（标准偏差）u_c"，"扩展不确定度（二倍标准差估计值）U"。

（3）在给出合成标准不确定度时，不必说明包含因子 k 或包含概率 p。例如写成 $u_c=0.1mm$（$k=1$）中，括号内的说明是不需要的，因为合成标准不确定度 u_c 是标准偏差，它是一个表明分散性的参数。

（4）扩展不确定度 U 取 $k=2$ 或 $k=3$ 时，不必说明 p。如果扩展不确定度写成 $U=0.1mm(k=1)$，则表明由 U 决定的区间的包含概率只有68%左右，包含概率太低，所以一般不用。

（5）不确定度单独用数值表示时，数值前不必加"±"号。例如 $u_c=0.1mm$ 或 $U=0.2mm(k=2)$；不要写成 $u_c=\pm0.1mm$ 或 $U=\pm0.2mm(k=2)$。

因为 u、u_c 表示标准偏差，按标准偏差的定义是不必加正负号的。而扩展不确定度 U 是标准偏差的倍数，表示被测量值所在的区间的半宽度，所以按定义也不必加正负号。测量结果可以表示为被测量的最佳估计值加减其扩展不确定度，并注明必要的信息，例如：$L=10.5mm\pm0.2mm(k=2)$。

（6）不带形容词的"不确定度"或"测量不确定度"用于一般概念性的叙述。当定量表示某一被测量估计值的不确定度时要说明是"合成标准不确定度"还是"扩展不确定度"，或用相应的符号区分。

第 13 章　房屋建筑质量测量不确定度评定实例

13.1　房屋建筑质量通常测量项目及相应测量不确定度评定的探讨

为保证房屋建筑的质量，应根据国家制定的施工质量验收规范，如《民用建筑可靠性鉴定标准》（GB 50292—2015）、《建筑抗震鉴定标准》（GB 50023—2009）、《混凝土结构工程施工质量验收规范》（GB 50204—2015）、《砌体结构工程施工质量验收规范》（GB 50203—2011）等对房屋建筑的各部分如地基基础；上部承重结构；围护系统的屋面防水；房屋建筑的非承重内墙、外墙、门窗等都应进行必要的测量。

房屋建筑质量测量项目中最基本的项目为：对建筑材料性能的测量和对建筑制品的质量测量两种。另外，按测量的性质可分为定性测量和准确定量测量两类。不论哪一种类的测量都是为了核实测量对象的质量是否合格。

（1）定性测量指的是从测量结果立即可判定检测对象的质量是否合格。对既有房屋建筑质量常见的定性检测项目如下：

①屋顶的渗漏、卫生间楼板的渗漏、室内外墙体的渗漏、屋顶及卫生间穿过楼板水管的缝隙渗漏等。

②外窗的透气性、透雨水和抗风压的性能测量，从而对外窗等级能作出定性结论。

③对房屋建筑所用预应力管桩的外观检测，察看管桩有无裂缝、有无破损、管桩内外壁有无凹凸不平、管桩顶部灰浆有无不饱满等。如有这些缺陷，即可判定该管桩属于不合格制品。

（2）准确定量测量指的是测量结果不但具有数值，而且还具有置信概率，即进行不确定度评定，使得测量结果具有完整的意义，并便于与其他实验室的测量结果进行比对。对房屋建筑质量测量宜进行准确定量测量的项目，建议如下：

①对混凝土结构构件，应检测的项目包括：a. 混凝土抗压强度（回弹法和钻芯法）；b. 钢筋保护层厚度；c. 混凝土碳化深度；d. 高强混凝土劈裂抗拉强度；e. 裂缝宽度等，并应进行测量不确定度评定。

②对砌体结构构件，应检测的项目包括：a. 砂浆抗压强度；b. 砖抗压强度等，并进行测量不确定度评定。

③对桩基础构件，应检测的主要项目是低应变检测基桩缺陷深度，并进行测量不确定度评定。

④对钢结构构件，应检测的主要项目是高强螺栓扭矩系数，并进行测量不确定度评定。

13.2　回弹法检测混凝土抗压强度的测量不确定度的评定

回弹法检测混凝土抗压强度是一种无损检测技术，这种方法操作简便，测试快速，费用低廉并且不破坏构件，因此在工程中得到了十分广泛的应用。在回弹法检测中，混凝土的碳化对回弹值有很明显的影响，因此必须把混凝土碳化深度作为一个重要的影响因素。在整个综合关系中，加权比单一采用回弹法测得的回弹值要小得多。测量过程中还会受到多种因素影响，这些因素对混凝土抗压强度检测结果的分散程度可以引入不确定度这个概念来合理评价混凝土结构的强度代表值，从而为评定混凝土结构强度的合格情况，工程质量验收、安全鉴定等方面提供技术支持。

13.2.1　试验原理及过程

1. 回弹法检测混凝土抗压强度依据

（1）检测依据

《回弹法检测混凝土抗压强度技术规程》（JGJ/T 23—2011）。

（2）评定依据

《测量不确定度评定与表示》（JJF 1059.1—2012）。

（3）环境条件：工作温度（-4~40）℃。

2. 回弹法检测测试对象

检测测试对象为 200mm×400mm 钢筋混凝土梁，该梁混凝土抗压强度设计值为 C25。

3. 检测测量设备

采用型号为 HT-225T 一体式数显回弹仪，测量范围为 10~60MPa，允许误差±1；LR-TH1 数字式碳化深度测量仪，测量范围为 0~8mm，允许误差

±0.25mm。

4. 检测测试过程

按照设备使用说明对一体式数显回弹仪进行设置和初始化。对钢筋混凝土梁的混凝土抗压强度进行测量。

13.2.2　混凝土抗压强度的计算

1. 回弹法检测混凝土抗压强度的特点

回弹仪中运动的重锤以一定冲击动能撞击顶在混凝土表面的冲击杆后，测出重锤被反弹回来的距离，以回弹值作为强度的相关指标来推定混凝土抗压强度。回弹值是重锤冲击过程中能量损失的反映。能量损失越小，混凝土表面硬度越大，其相应的回弹值就越高。由于混凝土表面硬度与混凝土抗压强度在变化关系上有一致性，因此回弹值大小也反映了混凝土抗压强度的大小。

影响混凝土抗压强度与回弹值的因素十分广泛，例如水泥品种、骨料、外加剂的影响，成型方法、养护方法的影响，混凝土碳化、龄期及含水率的影响等。

2. 平均回弹值计算

在测试混凝土浇筑侧面的强度时，尽量将回弹仪保持水平，每一测区测出16 个回弹值，剔除其中 3 个最大值和 3 个最小值，则该测区的平均回弹值即为剩余的 10 个回弹值的算术平均值，实测数据见表 13-1。

表 13-1　混凝土回弹值

测区	回弹值																回弹平均值 R_m
	1	2	3	4	5	6	7	8	9	10	11	12	13	14	15	16	
1	34	37	31	39	33	36	35	30	36	29	34	36	27	33	34	33	33.9
2	36	33	33	38	34	34	31	33	39	38	30	34	39	37	30	30	34.3
3	31	28	36	32	39	36	31	37	27	25	24	39	36	35	41	41	34.1
4	31	35	37	35	30	37	24	39	34	35	39	29	39	32	34	40	34.9
5	33	26	31	39	31	33	30	34	32	35	37	34	31	41	34	37	33.4
6	34	38	37	35	34	29	37	36	32	32	30	38	37	29	40	39	35.2
7	38	26	31	32	35	35	28	34	29	40	39	37	34	33	28	36	33.6
8	28	33	34	38	31	37	34	30	33	28	36	36	30	29	40	36	32.6
9	30	34	37	37	37	40	33	30	29	40	28	36	35	29	30	37	33.9
10	30	39	27	37	30	30	35	32	29	30	37	33	29	32	27	37	31.8

其中：

$$R_m = \frac{\sum_{i=1}^{10} R_i}{10}$$

（13-1）

式中　R_m——测区的平均回弹值；

　　　　R_i——第 i 个测点的回弹值。

3. 混凝土抗压强度的换算值

根据每一测区的平均回弹值和平均碳化深度值查阅由专用曲线、地区曲线或统一曲线编制的测区混凝土抗压强度换算表，所查出的强度值即为该测区混凝土的强度换算值。也就是说，将测得的回弹值和碳化深度值换算成这一测区内混凝土的抗压强度值。

由各测区混凝土抗压强度换算值可以计算出测区混凝土抗压强度平均值。平均值与标准差如下式所示：

$$m_{f_{cu}^c} = \frac{\sum_{i=1}^{n} f_{cu,i}^c}{n} \tag{13-2}$$

$$s_{f_{cu}^c} = \sqrt{\frac{\sum_{i=1}^{n} (f_{cu,i}^c)^2 - n(m_{f_{cu}^c})^2}{n-1}} \tag{13-3}$$

式中　$m_{f_{cu}^c}$——构件测区混凝土抗压强度换算值的平均值；

　　　　$f_{cu,i}^c$——测区混凝土抗压强度换算值；

　　　　n——构件的测区数；

　　　　$s_{f_{cu}^c}$——测区混凝土抗压强度换算值的标准差。

4. 混凝土抗压强度的推定值

结构的混凝土强度推定值指的是与强度换算值总体分布中保证率不低于95%的结构的混凝土抗压强度值，计算结果见表 13-2。其中，当碳化深度值极差不大于 2.0mm 时，测点数可在有代表的测区上选用不少于 3 个。

$$d_m = \frac{\sum_{i=1}^{3} d_i}{3} \tag{13-4}$$

式中　d_m——测区的平均碳化值；

　　　　d_i——第 i 个测点的回弹值。

表 13-2　混凝土抗压强度推定值计算结果

测区	回弹平均值（MPa）	平均碳化深度值（mm）	强度换算值（MPa）
1	33.9	6.0	25.2
2	34.3	—	25.8
3	34.1	6.0	25.6
4	34.9	—	26.8

测区	回弹平均值（MPa）	平均碳化深度值（mm）	强度换算值（MPa）
5	33.4	6.0	24.5
6	35.2	—	27.2
7	33.6	—	24.8
8	32.6	—	23.4
9	33.9	—	25.2
10	31.8	—	22.3

强度平均值 $m_{f_{cu}^c} = 25.1\text{MPa}$；强度换算值的标准差 $s_{f_{cu}^c} = 1.46\text{MPa}$；混凝土抗压强度推定值 $f_{cu,e} = 22.7\text{MPa}$。

构件的现龄期混凝土抗压强度推定值，当构件测区数不少于 10 个时，应按下式计算：

$$f_{cu,e} = m_{f_{cu}^c} - 1.645 s_{f_{cu}^c} \tag{13-5}$$

13.2.3　回弹法检测混凝土抗压强度测量不确定度评定的数学模型

由混凝土构件的回弹值 R 及碳化深度值 d 计算得到现龄期混凝土抗压强度推定值 $f_{cu,e}$。

$$f_{cu,e} = m_{f_{cu}^c} - 1.645 s_{f_{cu}^c}$$

$$s_{f_{cu}^c} = \sqrt{\frac{\sum_{i=1}^{n} (f_{cu,i}^c)^2 - n(m_{f_{cu}^c})^2}{n-1}}$$

$$m_{f_{cu}^c} - \frac{\sum_{i=1}^{n} f_{cu,i}^c}{n}$$

$$f_{cu,i}^c = 0.034488 R_m^{1.9400} \times 10^{(-0.0173 d_m)}$$

$$R_m = \frac{\sum_{i=1}^{10} R_i}{10}$$

$$d_m = \frac{\sum_{i=1}^{3} d_i}{3}$$

13.2.4　不确定度来源分析

有很多因素影响测量结果，这些因素又来自很多方面，例如被测对象、测量仪器设备、测量的环境、测量的方法以及测量人员所导致的误差。了解了不确定度的来源，便可以对任何测量方法的不确定度进行分析。

合成标准不确定度 $u_c(f_{cu,e})$ 主要由"回弹值 R_i 相关的不确定度 $u(R)$"和"碳化深度 d_i 相关的不确定度 $u(d)$"构成。

$u(R)$ 主要由 $u(R_1)$、$u(R_2)$、$u(R_3)$、$u(R_4)$、$u(R_5)$ 5 个不确定分量构成。具体如下：

(1) 重复性引入的标准不确定度分量 $u(R_1)$；

(2) 分辨力引入的标准不确定度分量 $u(R_2)$；

(3) 弹击方向偏离引入的标准不确定度分量 $u(R_3)$；

(4) 一体式数显回弹仪引入的标准不确定度分量 $u(R_4)$；

(5) 回弹仪钢砧率定值引入的标准不确定度分量 $u(R_5)$。

$u(d)$ 主要由 $u(d_1)$、$u(d_2)$、$u(d_3)$ 3 个不确定分量构成。具体如下：

(1) 重复性引入的标准不确定度分量 $u(d_1)$；

(2) 分辨力引入的标准不确定度分量 $u(d_2)$；

(3) 数字式碳化深度测试仪引入的标准不确定度分量 $u(d_3)$。

13.2.5 不确定度评定

1. 回弹值 R_i 相关的不确定度 $u(R)$ 评定

(1) 回弹值 R_i 重复性引入的标准不确定度分量 $u(R_1)$

实验标准偏差：

$$s_j = \sqrt{\frac{\sum_{i=1}^{n}(R_i - R_m)^2}{n-1}} = \sqrt{\frac{\sum_{i=1}^{10}(R_i - R_m)^2}{9}}$$

合并样本标准偏差：

$$s_p = \sqrt{\frac{\sum_{j=1}^{m}s_j^2}{m}} = \sqrt{\frac{\sum_{j=1}^{10}s_j^2}{10}}$$

标准不确定度为：

$$u(R_1) = \frac{s_p}{\sqrt{n}} = \frac{2.45}{\sqrt{10}} = 0.77$$

(2) 分辨力引入的标准不确定度分量 $u(R_2)$

分辨力为 1 的混凝土回弹仪，按照均匀分布，包含因子 $k = \sqrt{3}$，半宽 $a = 0.5$。

$$u(R_2) = \frac{0.5}{\sqrt{3}} = 0.29$$

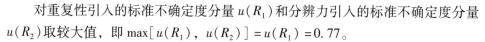

对重复性引入的标准不确定度分量 $u(R_1)$ 和分辨力引入的标准不确定度分量 $u(R_2)$ 取较大值，即 $\max[u(R_1),\ u(R_2)] = u(R_1) = 0.77$。

（3）弹击方向偏离引入的标准不确定度分量 $u(R_3)$

回弹仪的弹击偏离角度对回弹值的影响在 1MPa 之内，这一误差在此区间内均匀分布，包含因子 $k = \sqrt{3}$。

$$u(R_3) = \frac{1}{\sqrt{3}} = 0.58$$

（4）一体式数显回弹仪引入的标准不确定度分量 $u(R_4)$

本次检测使用的 HT-225T 型一体式数显回弹仪由校准证书引入的扩展不确定度 $U = 1$，包含因子 $k = 2$。

$$u(R_4) = \frac{1}{2} = 0.50$$

（5）回弹仪钢砧率定值引入的标准不确定度分量 $u(R_5)$

回弹仪使用前，应在钢砧上进行率定。率定时对回弹值的影响在 1 之内，这一误差在此区间内均匀分布，包含因子 $k = \sqrt{3}$。

$$u(R_5) = \frac{1}{\sqrt{3}} = 0.58$$

综上计算，与 HT-225T 型一体式数显回弹仪相关的不确定度分量 $u(R)$：

$$u(R) = \sqrt{u^2(R_1) + u^2(R_3) + u^2(R_4) + u^2(R_5)}$$
$$= \sqrt{0.77^2 + 0.58^2 + 0.50^2 + 0.58^2} = 1.23$$

2. 碳化深度值 d_i 相关的不确定度 $u(d)$ 评定

（1）重复性引入的标准不确定度分量 $u(d_1)$

实验标准偏差：

$$s_j = \sqrt{\frac{\sum_{i=1}^{n}(d_i - d_m)^2}{n-1}} = \sqrt{\frac{\sum_{i=1}^{3}(d_i - d_m)^2}{2}}$$

合并样本标准偏差：

$$s_p = \sqrt{\frac{\sum_{j=1}^{m} s_j^2}{m}} = \sqrt{\frac{\sum_{j=1}^{3} s_j^2}{3}}$$

标准不确定度为：

$$u(d_1) = \frac{s_p}{\sqrt{n}} = \frac{0.19}{\sqrt{3}} = 0.11\,(\text{mm})$$

（2）分辨力引入的标准不确定度分量 $u(d_2)$

分辨力引入的不确定度为 0.25mm，这一误差在此区间内均匀分布，包含因子 $k = \sqrt{3}$。

$$u(d_2) = \frac{0.25}{\sqrt{3}} = 0.14 \quad (\text{mm})$$

对碳化深度值 d_i 重复性引入的标准不确定度分量 $u(d_1)$ 和分辨力引入的不确定度分量 $u(d_2)$ 取较大值，即 $\max[u(d_1), u(d_2)] = u(d_2) = 0.14$（mm）。

（3）数字式碳化深度测试仪引入的标准不确定度分量 $u(d_3)$

本次检测使用的 LR-TH1 型数字式碳化深度测量仪由校准证书确定引入的扩展不确定度 $U = 0.09$mm，包含因子 $k = 2$。

$$u(d_3) = \frac{0.09}{2} = 0.045 \quad (\text{mm})$$

综上计算，与 LR-TH1 型数字式碳化深度测量仪相关的不确定度分量 $u(d)$：

$$u(d) = \sqrt{u^2(d_2) + u^2(d_3)} = \sqrt{0.14^2 + 0.045^2} = 0.15(\text{mm})$$

3. 合成标准不确定度 $u_c(f_{cu,e})$ 的评定

（1）灵敏系数

研究回弹值的灵敏系数 c_1 时，保持碳化深度不变，取平均值 d_m，仅改变平均回弹值 R_m，取步长为 0.2mm。则

$$c_1 = \frac{\partial f_{cu,e}}{\partial R_i} = \lim \frac{\Delta f_{cu,e}}{\Delta R_m} = \frac{22.9 - 22.7}{0.2} = 1/\text{mm}$$

研究碳化深度值的灵敏系数 c_2 时，保持回弹值不变，取平均值 R_m，仅改变平均碳化深度值 d_m，取步长为 0.5mm。则

$$c_2 = \frac{\partial f_{cu,e}}{\partial d_i} = \lim \frac{\Delta f_{cu,e}}{\Delta d_m} = \frac{23.8 - 22.7}{0.5} = 2.2/\text{mm}$$

（2）合成标准不确定度 $u_c(f_{cu,e})$

混凝土抗压强度推定值合成标准不确定度表示如下式所示：

$$u_c(f_{cu,e}) = \sqrt{c_1^2 u^2(R) + c_2^2 u^2(d)} = \sqrt{1^2 \times 1.23^2 + 2.2^2 \times 0.15^2} = 1.27(\text{MPa})$$

4. 不确定度评定一览表（表 13-3）

表 13-3 不确定度评定一览表

序号	标准不确定度分量 $u(x_i)$	不确定度来源	标准不确定度	c_i
1	$u(R)$	回弹值 R_i 相关的不确定度	1.23	1
2	$u(R_1)$	重复性引入的标准不确定度分量	0.77	—
3	$u(R_2)$	分辨力引入的标准不确定度分量		—

续表

序号	标准不确定度分量 $u(x_i)$	不确定度来源	标准不确定度	c_i
4	$u(R_3)$	弹击方向偏离引入的标准不确定度分量	0.58	—
5	$u(R_4)$	一体式数显回弹仪引入的标准不确定度分量	0.50	—
6	$u(R_5)$	回弹仪钢砧率定值引入的标准不确定度分量	0.58	—
7	$u(d)$	碳化深度 d_i 相关的不确定度	0.15mm	2.2
8	$u(d_1)$	重复性引入的标准不确定度分量	0.14mm	
9	$u(d_2)$	分辨力引入的标准不确定度分量		
10	$u(d_3)$	碳化深度测试仪引入的标准不确定度分量	0.045mm	
11	合成标准不确定度 $u_c(f_{cu,e}) = 1.27MPa$			

5. 测量结果的扩展不确定度 U

取包含因子 $k = 2$，测量结果的扩展不确定度为：

$$U = k \cdot u_c(f_{cu,e}) = 2 \times 1.27 = 2.54$$

6. 测量不确定度报告

混凝土抗压强度检测结果为 $f_{cu,e} = (22.7 \pm 2.54)\text{MPa}$，$k = 2$。

13.3　混凝土钢筋保护层厚度的测量不确定度的评定

13.3.1　试验原理及过程

1. 钢筋保护层厚度定义

根据现行《混凝土结构设计规范》（GB 50010—2010）（2015 年版）第 8.2.1 条，从混凝土碳化、脱钝和钢筋锈蚀的耐久性角度考虑，不再以纵向受力钢筋的外缘，而以最外层钢筋（包括箍筋、构造筋、分布筋等）的外缘计算混凝土保护层厚度。

2. 钢筋保护层厚度检测及评定依据

（1）检测依据

《混凝土结构工程施工质量验收规范》（GB 50204—2015）中的附录 E 结构实体钢筋保护层厚度检验。

（2）评定依据

《测量不确定度评定与表示》（JJF 1059.1—2012）；

《钢筋保护层、楼板厚度测量仪校准规范》（JJF 1224—2009）。

（3）环境条件：温度（0 ~ 40）℃，相对湿度 <85%。

3. 钢筋保护层厚度检测测试对象

检测测试对象为厚度 120mm 钢筋混凝土楼板，该板设计混凝土保护层厚度为 15mm，梁底钢筋规格为 HRB400 级直径 10mm 的带肋钢筋。

4. 钢筋保护层厚度检测测量设备

采用型号为 HC-GY61 一体式钢筋位置测定仪，测量范围为 1～80mm，允许误差 ±1mm。

5. 钢筋保护层厚度检测测试过程

按照设备使用说明对一体式钢筋位置测定仪进行设置和初始化。对钢筋混凝土楼板的钢筋保护层厚度进行测量。

13.3.2 钢筋保护层厚度测量结果的不确定度评定的数学模型

1. 数学模型

钢筋保护层厚度是直接测量量，其数学模型为：

$$\Delta M = h - h_a \tag{13-6}$$

式中　h——测量仪器显示厚度值（mm）；

h_a——楼板钢筋保护层实际厚度值（mm）；

ΔM——一体式钢筋位置测定仪误差（mm）。

该数学模型即仪器示值 h 与楼板钢筋保护层实际厚度值 h_a 之差。

2. 灵敏系数和合成标准不确定度公式

$$c_1 = \frac{\partial \Delta M}{\partial h} = 1 ; c_2 = \frac{\partial \Delta M}{\partial h_a} = -1$$

3. 合成标准不确定度

由于 h 与 h_a 彼此独立不相关，所以合成标准不确定度 u_c 可按下式得到：

$$u_c(\Delta M) = \sqrt{c_1^2 u^2(h) + c_2^2 u^2(h_a)} = \sqrt{u^2(h) + u^2(h_a)}$$

13.3.3 不确定度来源分析

合成标准不确定度 $u_c(\Delta M)$ 主要由"与一体式钢筋位置测定仪相关的不确定度 $u(h)$"和"与被测楼板相关的不确定度 $u(h_a)$"构成。

$u(h)$ 主要由 $u(h_1)$、$u(h_2)$、$u(h_3)$ 3 个不确定分量构成。具体如下：

（1）测量重复性引入的不确定度分量 $u(h_1)$；

（2）一体式钢筋位置测定仪分辨力引入的不确定度分量 $u(h_2)$；

（3）一体式钢筋位置测定仪示值误差引入的不确定度分量 $u(h_3)$。

$u(h_a)$ 由 $u(h_{a1})$ 1 个不确定度分量组成。具体如下：

钢筋直径尺寸偏差引入的不确定度分量 $u(h_{a1})$。

13.3.4　不确定度评定

1. 与一体式钢筋位置测定仪相关的不确定度分量 $u(h)$ 评定

（1）测量重复性引入的不确定度分量 $u(h_1)$

可以通过连续测量得到测量列。

钢筋保护层设计厚度为 15mm，钢筋直径 10mm，用一体式钢筋位置测定仪进行测量，在重复性条件下连续测量 10 次，得到测量列为：15mm、16mm、15mm、15mm、15mm、15mm、15mm、15mm、16mm、15mm。

$$\bar{h} = \frac{1}{n} \sum_{i=1}^{n} h_i = 15.2 \ (\text{mm}) \tag{13-7}$$

单次实验标准差：

$$s = \sqrt{\frac{\sum_{i=1}^{n} (h_i - \bar{h})^2}{n-1}} = 0.42(\text{mm}) \tag{13-8}$$

选用 5 台同类型一体式钢筋位置测定仪，对每台一体式钢筋位置测定仪选用不同人员在楼板相同位置点分别进行 2 组测量，每组测量均在重复性条件下连续测量 10 次，共得到 10 组测量列，每组测量列分别按上述方法计算，得到 10 个单次实验标准差，见表 13-4。

表 13-4　10 组实验标准差计算结果

实验标准差 s_j	s_1 0.42	s_2 0.70	s_3 0.67	s_4 0.52	s_5 0.71
	s_6 0.67	s_7 0.82	s_8 0.63	s_9 0.71	s_{10} 0.57

合并样本标准差 s_h 可按下式计算：

$$s_h = \sqrt{\frac{1}{m} \sum_{j=1}^{m} s_j^2} = 0.64(\text{mm})$$

在实际测量中，对输入量 P 仅进行 2 次测量，以两次测量算术平均值作为测量结果，则该结果的标准不确定度为

$$u(h_1) = \frac{s_h}{\sqrt{2}} = 0.45 \ (\text{mm})$$

（2）一体式钢筋位置测定仪分辨力引入的不确定度分量 $u(h_2)$

分辨力为 1mm 的钢筋保护层厚度测量仪，按照均匀分布，包含因子 $k = \sqrt{3}$，半宽 $a = 0.5$mm。

$$u(h_2) = \frac{0.5\text{mm}}{\sqrt{3}} = 0.29\text{mm}$$

对测量重复性引入的不确定度分量 $u(h_1)$ 及分辨力引入的不确定度分量 $u(h_2)$ 取较大值，即 0.45mm。

（3）一体式钢筋位置测定仪示值误差引入的不确定度分量 $u(h_3)$

根据校准证书提供的校准值，给出了其扩展不确定度为 $U = 1\text{mm}$，包含因子 $k = 2$。

$$u(h_3) = \frac{1\text{mm}}{2} = 0.5\text{mm}$$

综上计算，与一体式钢筋位置测定仪相关的不确定度分量 $u(h)$：

$$u(h) = \sqrt{u^2(h_1) + u^2(h_3)} = \sqrt{0.45^2 + 0.5^2} = 0.67(\text{mm})$$

2. 与被测楼板相关的不确定度分量 $u(h_a)$ 评定

钢筋直径 12mm 的规范允许偏差为 $\pm 0.5\text{mm}$，按照均匀分布，包含因子 $k = \sqrt{3}$。

$$u(h_a) = \frac{0.5\text{mm}}{\sqrt{3}} = 0.29\text{mm}$$

3. 合成标准不确定度 $u_c(\Delta M)$ 的评定

$$u_c(\Delta M) = \sqrt{u^2(h) + u^2(h_a)} = \sqrt{0.67^2 + 0.29^2} = 0.73(\text{mm})$$

4. 不确定度评定一览表（表 13-5）

表 13-5 不确定度评定一览表

序号	标准不确定度分量 $u(x_i)$	不确定度来源	标准不确定度（mm）	c_i
1	$u(h)$	与钢筋位置测定仪相关的不确定度	0.73	1
2	$u(h_1)$	测量重复性引入的不确定度分量	0.45	—
3	$u(h_2)$	钢筋位置测定仪示值误差引入的不确定度分量		—
4	$u(h_3)$	钢筋位置测定仪分辨力引入的不确定度分量	0.5	—
5	$u(h_a)$	与被测楼板相关的不确定度分量	0.29	−1
6	合成标准不确定度 $u_c(\Delta M) = 0.73\text{mm}$			

5. 测量结果的扩展不确定度 U

取包含因子 $k = 2$，测量结果的扩展不确定度为：

$$U = k \cdot u_c(\Delta M) = 2 \times 0.73 = 1.46(\text{mm})$$

6. 测量不确定度报告

钢筋保护层厚度检测结果为 $h = \bar{h} \pm U = (15.2 \pm 1.46)\text{mm}$，$k = 2$。

13.4　混凝土碳化深度检测的测量不确定度的评定

混凝土中性化（碳化或酸性物质的影响）的深度，可用浓度为 1% 的酚酞酒精溶液（含 20% 的蒸馏水）测定，将酚酞酒精溶液滴在新暴露的混凝土面上，以混凝土变色与未变色的交接处作为混凝土中性化界面。

13.4.1　试验原理及过程

1. 碳化深度检测依据

（1）检测依据

《建筑结构检测技术标准》（GB/T 50344—2004）；

《回弹法检测混凝土抗压强度技术规程》（JGJ/T 23—2011）。

（2）评定依据

《测量不确定度评定与表示》（JJF 1059.1—2012）。

2. 碳化深度检测测试对象

检测测试对象为建于 1998 年的截面尺寸为 200mm × 400mm 钢筋混凝土梁。

3. 检测测量设备

卡尺，测量范围为 0 ~ 200mm，允许误差 ±0.02mm。

13.4.2　混凝土碳化深度的计算

当碳化深度值极差不大于 2.0mm 时，测点数可在有代表性的测区上选用不少于 3 个。

$$d_{\mathrm{m}} = \frac{\sum\limits_{i=1}^{3} d_{im}}{3} \tag{13-9}$$

$$d_{im} = \frac{\sum\limits_{j=1}^{3} d_{ij}}{3} \tag{13-10}$$

式中　d_{im}——第 i 个测区的平均碳化深度值；

　　　d_{ij}——第 i 个测区第 j 个测点的碳化深度值；

　　　d_{m}——测区的平均碳化深度值。

计算结果见表 13-6。

表 13-6　混凝土碳化深度值计算结果

测区	碳化深度值 d_1（mm）	碳化深度值 d_2（mm）	碳化深度值 d_3（mm）	第 i 个测区的平均碳化深度值 d_{im}（mm）
1	9.48	9.52	9.50	9.50
2	9.88	9.80	9.82	9.83
3	9.22	9.28	9.30	9.27
测区的平均碳化深度值 d_m				9.50

13.4.3　混凝土碳化深度测量不确定度评定的数学模型

由混凝土碳化深度值 d_{ij} 计算得到碳化深度平均值 d_m：

$$d_m = \frac{\sum\limits_{i=1}^{3} d_{im}}{3}$$

$$d_{im} = \frac{\sum\limits_{j=1}^{3} d_{ij}}{3}$$

13.4.4　不确定度来源分析

有很多因素影响测量结果，这些因素又来自很多方面，例如被测对象、测量仪器设备、测量的环境、测量的方法以及测量人员所导致的误差。了解了不确定度的来源，便可以对任何测量方法的不确定度进行分析。

合成标准不确定度 $u(d_m)$ 主要由 $u(d_1)$、$u(d_2)$、$u(d_3)$ 3 个不确定分量构成。具体如下：

（1）重复性引入的标准不确定度分量 $u(d_1)$；

（2）读数误差引入的标准不确定度分量 $u(d_2)$；

（3）卡尺引入的标准不确定度分量 $u(d_3)$。

13.4.5　不确定度评定

1. 重复性引入的标准不确定度分量 $u(d_1)$

实验标准偏差：

$$s_j = \sqrt{\frac{\sum\limits_{i=1}^{n} (d_{ij} - d_m)^2}{n-1}} = \sqrt{\frac{\sum\limits_{i=1}^{3} (d_{ij} - d_m)^2}{2}}$$

合并样本标准偏差：

标准不确定度为：

$$u(d_1) = \frac{s_p}{\sqrt{n}} = \frac{0.29}{\sqrt{3}} = 0.17 \ (\text{mm})$$

2. 读数误差引入的标准不确定度分量 $u(d_2)$

读数误差引入的不确定度分量为 0.02mm，这一误差在此区间内均匀分布，包含因子 $k = \sqrt{3}$。

$$u(d_2) = \frac{0.02}{\sqrt{3}} = 0.01(\text{mm})$$

对碳化深度值重复性引入的标准不确定度分量 $u(d_1)$ 和读数误差引入的不确定度分量 $u(d_2)$ 取较大值，即 0.17mm。

3. 卡尺引入的标准不确定度分量 $u(d_3)$

本次检测使用的卡尺由校准证书确定引入的扩展不确定度 $U = 0.01$mm，包含因子 $k = 2$。

$$u(d_3) = \frac{0.01}{2} = 0.005(\text{mm})$$

综上计算，与卡尺相关的合成标准不确定度 $u(d_m)$：

$$u(d_m) = u(d) = \sqrt{u^2(d_1) + u^2(d_3)} = \sqrt{0.17^2 + 0.005^2} = 0.17(\text{mm})$$

4. 不确定度评定一览表（表 13-7）

表 13-7　不确定度评定一览表

序号	标准不确定度分量 $u(x_i)$	不确定度来源	标准不确定度（mm）
1	$u(d)$	碳化深度 d_i 相关的不确定度	0.17
2	$u(d_1)$	重复性引入的标准不确定度分量	0.17
3	$u(d_2)$	读数误差引入的标准不确定度分量	
4	$u(d_3)$	碳化深度测试仪引入的标准不确定度分量	0.005
5	$u(d_m) = 0.17\text{mm}$		

5. 测量结果的扩展不确定度 U

取包含因子 $k = 2$，测量结果的扩展不确定度为：

$$U = k \cdot u(d_m) = 2 \times 0.17 = 0.34(\text{mm})$$

6. 测量不确定度报告

混凝土碳化深度检测结果为 $d = d_m \pm U = (9.50 \pm 0.34)\,\text{mm}$，$k = 2$。

13.5 钻芯法检测混凝土抗压强度的测量不确定度的评定

13.5.1 试验原理及过程

1. 钻芯法检测混凝土强度依据

（1）检测依据

《钻芯法检测混凝土抗压强度技术规程》（JGJ/T 384—2016）；

《混凝土物理力学性能试验方法标准》（GB/T 50081—2019）。

（2）评定依据

《测量不确定度评定与表示》（JJF 1059.1—2012）。

2. 钻芯法检测芯样制作要求

（1）芯样试件的高径比宜为 1，且 $0.95 \leqslant H/d \leqslant 1.05$；

（2）芯样试件内不宜含有钢筋，也可有一根直径不大于 10mm 的钢筋，且钢筋应与芯样试件的轴线垂直并离开端面 10mm 以上；

（3）芯样试件端面与轴线的不垂直度 $\leqslant 1°$；

（4）芯样试件端面的不平整度在每 100mm 长度内 $\leqslant 0.1$mm；

（5）芯样试件高度的任一直径与平均直径相差不超过 1.5mm。

3. 钻芯法检测试验设备

压力试验机：量程 2000kN；

电子数显卡尺：量程 300mm。

4. 测量方法

（1）平均直径应采用电子数显卡尺在芯样试件的上部、中部和下部相互垂直的两个位置上测量 6 次，取测量的算术平均值作为芯样试件的尺寸，精确至 0.5mm；

（2）芯样试件高度用钢板尺测量，精确至 1mm；

（3）垂直度用游标量角器测量芯样试件两个端面与母线的夹角，取最大值作为芯样试件的垂直度，精确至 0.1°；

（4）平整度可用钢板尺或角尺紧靠在芯样试件的承压面上，一面转动钢板尺，一面用塞尺测量钢板尺与芯样试件承压面之间的缝隙，取最大缝隙为芯样试件的不平整度。

5. 试验要求

自然干燥状态下进行试验，试验过程中压力机应连续均匀加载，加荷速度取

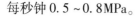

每秒钟 $0.5 \sim 0.8$MPa。

13.5.2 混凝土芯样抗压强度的计算

1. 取样数量

钻芯法确定单个构件混凝土抗压强度推定值时，芯样试件的数量不应少于 3 个，小尺寸构件不应少于 2 个，确定检验批的混凝土抗压强度推定值时，芯样数量不宜少于 15 个。

2. 试验记录结果（表 13-8）

表 13-8 试验记录结果表

序号	直径（mm）	垂直度（°）	不平整度（mm/100mm）	荷载（kN）	强度（MPa）
1	100.5	89.4	≤0.1	271.16	34.2
2	100.0	89.7	≤0.1	262.19	33.4
3	99.5	90.4	≤0.1	247.92	31.9
4	100.0	89.2	≤0.1	271.61	34.6
5	100.5	90.5	≤0.1	273.54	34.5
6	101.0	89.1	≤0.1	264.26	33.0
7	99.5	89.7	≤0.1	254.91	32.8
8	100.0	90.2	≤0.1	273.97	34.9
9	99.5	90.6	≤0.1	248.69	32.0
10	101.0	89.4	≤0.1	253.05	31.6
11	100.5	90.2	≤0.1	274.33	34.6
12	99.5	89.5	≤0.1	269.68	34.7
13	100.5	90.7	≤0.1	259.27	32.7
14	101.0	89.4	≤0.1	266.66	33.3
15	100.0	89.1	≤0.1	256.70	32.7
平均值	100.2	89.8	≤0.1	263.19	33.4

3. 检验批混凝土抗压强度推定

检验批混凝土强度的推定，芯样样本容量不宜小于 15 个，小直径芯样试件的最小样本容量不宜小于 20 个。检验批混凝土强度计算推定区间 $(f_{cu,e1} ; f_{cu,e2})$ 之间的差值不宜大于 5.0MPa 和 $0.1f_{cu,cor,m}$ 中两者的较大值，取 $f_{cu,e1}$ 为检验批的推定值 $f_{cu,e}$。

芯样试件抗压强度平均值：$f_{cu,cor,m} = 33.4$MPa；

芯样试件抗压强度样本标准差：$s_{cu} = 1.122$MPa

$n=15$，查 JGJ/T 384—2016 附录 A，$k_1=1.11397$，$k_2=2.566$

混凝土抗压强度推定值上限：$f_{cu,e1}=f_{cu,cor,m}-k_1 s_{cu}=33.4-1.11397\times1.122=32.1$（MPa）

混凝土抗压强度推定值下限：$f_{cu,e2}=f_{cu,cor,m}-k_2 s_{cu}=33.4-2.566\times1.122=30.5$（MPa）

$$f_{cu,e1}-f_{cu,e2}=1.6<\max(0.1f_{cu,cor,m},5.0)=\max(3.34,5.0)=5.0$$

检验批混凝土抗压强度推定值为：$f_{cu,e}=f_{cu,e1}=32.1\text{MPa}$

13.5.3 混凝土芯样抗压强度的计算数学模型

$$f_{cc}=\frac{F}{A}=\frac{4F}{\pi d^2} \tag{13-11}$$

式中　f_{cc}——芯样试件抗压强度（MPa），精确至 0.1MPa；

　　　F——芯样试件抗压试验的破坏荷载（N）；

　　　A——芯样试件抗压截面面积（mm²）；

　　　d——芯样试件抗压直径（mm）。

13.5.4 混凝土芯样抗压强度不确定度分量确定

1. 破坏荷载测量引入的不确定度分量

（1）压力机示值引入的不确定度分量 $u_{B(F1)}$

根据校准证书，示值相对允许误差为 ±1.0%，按均匀分布，则相对标准不确定度为：$u_{B(F1)}=\dfrac{a}{k}=\dfrac{1\%}{\sqrt{3}}=0.577\%$

（2）压力机校准引入的不确定度分量 $u_{B(F2)}$

根据校准证书，仪器校准的不确定度为 $U_{rel}=0.4\%$，$k=2$，则相对标准不确定度为：

$$u_{B(F2)}=\frac{U_{rel}}{k}=\frac{0.4\%}{2}=0.2\%$$

2. 直径测量引入的不确定度分量

（1）电子数显卡尺示值引入的不确定度分量 $u_{B(d1)}$

根据校准证书，电子数显卡尺示值允许误差为 0.01mm，按矩形分布，则标准不确定度为：$u_{(d1)}=\dfrac{a}{k}=\dfrac{0.01}{\sqrt{3}}=0.0058$（mm）；

相对标准不确定度为：$u_{B(d1)}=\dfrac{0.0058}{100.2}\times100\%=0.0058\%$

（2）电子数显卡尺校准引入的不确定度分量 $u_{B(d2)}$

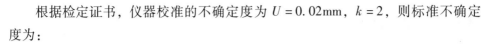

根据检定证书，仪器校准的不确定度为 $U = 0.02\mathrm{mm}$，$k = 2$，则标准不确定度为：

$$u_{(\mathrm{d2})} = \frac{U}{k} = \frac{0.02}{2} = 0.01 \ (\mathrm{mm})$$

相对标准不确定度为：

$$u_{\mathrm{B(d2)}} = \frac{0.01}{100.2} \times 100\% = 0.01\%$$

3. 灵敏系数

$$c_1 = \frac{\partial f_{\mathrm{cc}}}{\partial F} = \frac{4}{\pi d^2} = \frac{f_{\mathrm{cc}}}{F} = 1 \ ; \quad c_2 = \frac{\partial f_{\mathrm{cc}}}{\partial d} = \frac{-8F}{\pi d^3} = \frac{-2 f_{\mathrm{cc}}}{d} = -2$$

4. 端面不平整度引入的不确定度分量 $u_{\mathrm{B(1)}}$

根据规范标准要求，每 100mm 芯样端面不平整度 $\leqslant 0.1\mathrm{mm}$，检验批构件实际不平整度 $< 0.1\mathrm{mm}$，按矩形分布，误差为 $\pm 0.05\mathrm{mm}$，则相对标准不确定度为：

$$u_{\mathrm{B(1)}} = \frac{0.05}{\sqrt{3} \times 100} \times 100\% = 0.029\%$$

5. 端面不垂直度引入的不确定度 $u_{\mathrm{B(2)}}$

根据检测结果，端面垂直度平均值为 89.8°，不垂直度为 0.2°，不垂直度引起端面受力发生变化，则端面有效压力为 $F\cos\alpha$，不垂直度引起的误差为 $\Delta F = F(1 - \cos\alpha)$，按矩形分布，则相对标准不确定度为：

$$u_{\mathrm{B(2)}} = \frac{\Delta F}{\sqrt{3}\,F} = \frac{1 - \cos 0.2°}{\sqrt{3}} = 0.0004\%$$

6. 样品重复性引入的不确定度分量 u_{A}

样品重复性引入的标准不确定度为：

$$u = \frac{S_{\mathrm{cor}}}{\sqrt{n}} = \frac{1.122}{\sqrt{15}} = 0.29 \ (\mathrm{MPa})$$

相对标准不确定度为：

$$u_{\mathrm{A}} = \frac{0.29}{33.4} \times 100\% = 0.868\%$$

13.5.5　总合成相对标准不确定度

$$u = \sqrt{c_1^2 u_{\mathrm{B(F1)}}^2 + c_2^2 u_{\mathrm{B(d2)}}^2 + u_{\mathrm{B(1)}}^2 + u_{\mathrm{B(2)}}^2 + u_{\mathrm{A}}^2}$$

$$= \sqrt{0.577\%^2 + (-2)^2 \times 0.01\%^2 + 0.029\%^2 + 0.0004\%^2 + 0.868\%^2} = 1\%$$

取包含因子 $k = 2$，则相对扩展不确定度为 $u_{(f_{\mathrm{cu},e})} = 2\%$。

13.5.6　芯样混凝土抗压强度评定

该检验批混凝土抗压强度推定值为：$f_{cu,e}=32.1$MPa；引入芯样试件混凝土抗压强度测量不确定度后，$f_{cu,e}=[32.1\pm(33.4\times2\%)]=(32.1\pm0.7)$MPa。

13.6　高强混凝土芯样劈裂抗拉强度的测量不确定度的评定

13.6.1　试验原理及过程

1. 高强混凝土芯样劈裂抗拉强度检测依据

（1）检测依据

《钻芯法检测混凝土抗压强度技术规程》（JGJ/T 384—2016）；

《混凝土物理力学性能试验方法标准》（GB/T 50081—2019）。

（2）评定依据

《测量不确定度评定与表示》（JJF 1059.1—2012）。

2. 芯样混凝土劈裂抗拉强度检测测试对象

检测测试对象为某既有工程设计强度为 C80 的高强混凝土构件。

3. 检测测量设备

DYE-2000 型压力试验机，测量范围为 0～2000kN，示值相对允许误差 ±1%；卡尺，测量范围 0～200mm，允许误差 ±0.02mm；钢直尺，测量范围0～300mm，允许误差 ±1mm。

4. 芯样制作要求

（1）芯样试件的高径比宜为 1，且 $0.95\leqslant H/d\leqslant1.05$；

（2）芯样试件内不宜含有钢筋，也可有一根直径不大于 10mm 的钢筋，且钢筋应与芯样试件的轴线垂直并离开端面 10mm 以上；

（3）芯样试件端面与轴线的不垂直度 $\leqslant1°$；

（4）芯样试件端面的不平整度在每 100mm 长度内 $\leqslant0.1$mm；

（5）芯样试件高度的任一直径与平均直径相差不超过 1.5mm。

5. 测量方法

（1）平均直径应用电子数显卡尺在芯样试件的上部、中部和下部相互垂直的两个位置上测量 6 次，取测量的算术平均值作为芯样试件的尺寸，精确至 0.5mm；

（2）芯样试件高度用钢板尺测量，精确至 1mm；

（3）垂直度用游标量角器测量芯样试件两个端面与母线的夹角，取最大值作为芯样试件的垂直度，精确至 0.1°；

（4）平整度可用钢板尺或角尺紧靠在芯样试件的承压面上，一面转动钢板尺，一面用塞尺测量钢板尺与芯样试件承压面之间的缝隙，取最大缝隙为芯样试件的不平整度。

6. 试验要求

自然干燥状态下进行试验，试验过程中压力试验机应连续均匀加载，加荷速度取每秒钟 0.8 ~ 1.0MPa。

7. 工程实例

取样数量：钻芯法确定单个构件混凝土抗压强度推定值时，芯样试件的数量不应少于 3 个，小尺寸构件不应少于 2 个。

本次取样为 3 个，单个构件的混凝土强度推定值不再进行数据的舍弃，而应按有效芯样试件混凝土抗压强度值中的最小值确定，因此本次混凝土劈裂抗拉强度推定值取 3.98MPa，构件钻芯法检测混凝土劈裂抗拉强度结果见表 13-9 和表 13-10。

表 13-9　钻芯法检测混凝土劈裂抗拉强度平均直径计算表

试件编号	直径 d_1（mm）	直径 d_2（mm）	直径 d_3（mm）	直径 d_4（mm）	直径 d_5（mm）	直径 d_6（mm）	平均直径 d_m（mm）
1	99.5	99.0	100.0	100.0	99.5	99.0	99.5
2	99.5	99.5	100.0	100.0	100.5	100.5	100.0
3	100.0	100.5	100.0	99.5	99.5	100.0	100.0

其中：

$$d_m = \frac{\sum_{i=1}^{6} d_i}{6} \tag{13-12}$$

式中　d_m——试件的平均直径；

　　　d_i——试件的第 i 个实测直径。

表 13-10　钻芯法检测混凝土劈裂抗拉强度结果

试件编号	平均高度 h_m（mm）			平均直径 d_m（mm）	垂直度（°）	不平整度（mm/100mm）	荷载 F_t（kN）	强度 $f_{t,cor}$（MPa）
	h_1（mm）	h_2（mm）	h_m（mm）					
1	99.5	99.5	99.5	99.5	89.8	≤0.1	66.9	4.09
2	100.0	99.5	99.75	100.0	90.5	≤0.1	68.9	4.18
3	100.5	100.0	100.25	100.0	89.2	≤0.1	65.9	3.98

其中：

$$f_{t,cor} = \frac{0.637\beta_t F_t}{h_m d_m} \qquad (13\text{-}13)$$

$$h_m = \frac{\sum\limits_{i=1}^{2} h_i}{2} \qquad (13\text{-}14)$$

式中 $f_{t,cor}$——芯样试件劈裂抗拉强度值；

  F_t——芯样试件劈裂抗拉试验的破坏荷载；

  β_t——芯样试件强度换算系数，取 0.95；

  h_m——芯样试件的平均高度；

  h_i——芯样试件的第 i 个实测高度。

13.6.2 高强混凝土芯样劈裂抗拉强度测量不确定度评定的数学模型

1. 数学模型

$$f_{t,cor} = \frac{0.637\beta_t F_t}{h_m d_m}$$

$$d_m = \frac{\sum\limits_{i=1}^{6} d_i}{6}$$

$$h_m = \frac{\sum\limits_{i=1}^{2} h_i}{2}$$

2. 灵敏系数和合成标准不确定度公式

（1）灵敏系数

$$c_1 = \frac{\partial f_{t,cor}}{\partial F_t} = \frac{0.637\beta_t}{h_m d_m} dF_t = \frac{dF_t}{F_t} = 1$$

$$c_2 = \frac{\partial f_{t,cor}}{\partial h_m} = -\frac{0.637\beta_t F_t}{d_m} dh_m = -\frac{dh_m}{h_m} = -1$$

$$c_3 = \frac{\partial f_{t,cor}}{\partial d_m} = -\frac{0.637\beta_t F_t}{h_m} dd_m = -\frac{dd_m}{d_m} = -1$$

（2）合成相对标准不确定度

合成相对标准不确定度 $u_{rel,c}(f_{t,cor})$ 计算公式为

$$u_{rel,c}(f_{t,cor}) = \sqrt{c_1^2 u_{rel,c}^2(F_t) + c_2^2 u_{rel,c}^2(h) + c_3^2 u_{rel,c}^2(d)}$$

$$= \sqrt{u_{rel,c}^2(F_t) + u_{rel,c}^2(h) + u_{rel,c}^2(d)}$$

13.6.3　不确定度来源分析

有很多因素影响测量结果，这些因素又来自很多方面，例如被测对象、测量仪器设备、测量的环境、测量的方法以及测量人员所导致的误差。了解了不确定度的来源，便可以对任何测量方法的不确定度进行分析。

合成相对标准不确定度 $u_{rel,c}(f_{t,cor})$ 主要由 "与压力试验机相关的相对不确定度 $u_{rel}(F_t)$" "与钢直尺相关的不确定度 $u_{rel}(h)$" 和 "与卡尺相关的不确定度 $u_{rel}(d)$" 组成。

$u_{rel}(F_t)$ 主要由 $u_{rel}(F_{t1})$、$u_{rel}(F_{t2})$、$u_{rel}(F_{t3})$ 3 个不确定分量构成。具体如下：

（1）重复性引入的相对标准不确定度分量 $u_{rel}(F_{t1})$；

（2）示值误差引入的相对标准不确定度分量 $u_{rel}(F_{t2})$；

（3）压力试验机引入的相对标准不确定度分量 $u_{rel}(F_{t3})$。

$u_{rel}(h)$ 主要由 $u_{rel}(h_1)$、$u_{rel}(h_2)$、$u_{rel}(h_3)$ 3 个不确定分量构成。具体如下：

（1）重复性引入的相对标准不确定度分量 $u_{rel}(h_1)$；

（2）读数误差引入的相对标准不确定度分量 $u_{rel}(h_2)$；

（3）钢直尺引入的相对标准不确定度分量 $u_{rel}(h_3)$。

$u_{rel}(d)$ 主要由 $u_{rel}(d_1)$、$u_{rel}(d_2)$、$u_{rel}(d_3)$ 3 个不确定分量构成。具体如下：

（1）重复性引入的相对标准不确定度分量 $u_{rel}(d_1)$；

（2）读数误差引入的相对标准不确定度分量 $u_{rel}(d_2)$；

（3）卡尺引入的相对标准不确定度分量 $u_{rel}(d_3)$。

13.6.4　不确定度评定

1. 破坏荷载 F_t 相关的相对不确定度 $u_{rel}(F_t)$

（1）重复性引入的相对标准不确定度分量 $u_{rel}(F_{t1})$

由于是同一个构件中取样的重复性试验，以 3 次测量结果的算术平均值作为测量结果，$\overline{F_t} = 67.2kN$。

实验标准偏差：

$$s = \sqrt{\frac{\sum_{i=1}^{n}(F_t - \overline{F_t})^2}{n-1}} = \sqrt{\frac{\sum_{i=1}^{3}(F_t - \overline{F_t})^2}{2}} = 1.53(kN)$$

标准不确定度为：

$$u(F_{t1}) = s = 1.53kN$$

其相对标准不确定度为：

$$u_{rel}(F_{t1}) = \frac{u(F_{t1})}{\overline{F_t}} = \frac{1.53}{67.2} = 2.28\%$$

（2）示值误差引入的相对标准不确定度分量 $u_{rel}(F_{t2})$

所使用的 DYE-2000 型压力试验机，示值相对允许误差为 $\pm 1.0\%$，包含因子 $k = 2$，则相对标准不确定度为：

$$u_{rel}(F_{t2}) = \frac{1\%}{2} = 0.5\%$$

对重复性引入的相对标准不确定度分量 $u_{rel}(F_{t1})$ 和示值误差引入的相对标准不确定度分量 $u_{rel}(F_{t2})$ 取较大值，即 2.28%。

（3）压力试验机引入的相对标准不确定度分量 $u_{rel}(F_{t3})$

本次检测使用的压力试验机由校准证书确定引入的相对扩展不确定度 $U_{rel} = 0.4\%$，包含因子 $k = 2$，则相对标准不确定度为：

$$u_{rel}(F_{t3}) = \frac{0.4\%}{2} = 0.2\%$$

综上计算，与压力试验机相关的合成相对标准不确定度 $u_{rel,c}(F_t)$：

$$u_{rel,c}(F_t) = \sqrt{u_{rel}^2(F_{t1}) + u_{rel}^2(F_{t3})} = \sqrt{(2.28\%)^2 + (0.2\%)^2} = 2.29\%$$

2. 与钢直尺相关的相对标准不确定度 $u_{rel}(h)$

（1）重复性引入的相对标准不确定度分量 $u_{rel}(h_1)$

实验标准偏差：

$$s_j = \sqrt{\frac{\sum_{i=1}^{n}(h_i - h_m)^2}{n-1}} = \sqrt{\frac{\sum_{i=1}^{2}(h_i - h_m)^2}{1}}$$

合并样本标准偏差：

$$s_p = \sqrt{\frac{\sum_{j=1}^{m} s_j^2}{m}} = \sqrt{\frac{\sum_{j=1}^{3} s_j^2}{3}}$$

标准不确定度为：

$$u(h_1) = \frac{s_p}{\sqrt{n}} = \frac{0.29}{\sqrt{3}} = 0.17(mm)$$

相对标准不确定度为：

$$u_{rel}(h_1) = \frac{u(h_1)}{h_m} = \frac{0.17}{99.83} = 0.17\%$$

（2）读数误差引入的相对标准不确定度分量 $u_{rel}(h_2)$

读数误差为 1mm 的钢直尺，按照均匀分布，包含因子 $k = \sqrt{3}$，半宽 $a = 0.5mm$。

标准不确定度为：

$$u(h_2) = \frac{0.5}{\sqrt{3}} = 0.29(\text{mm})$$

相对标准不确定度为：

$$u_{\text{rel}}(h_2) = \frac{u(h_2)}{h_\text{m}} = \frac{0.29}{99.83} = 0.29\%$$

对重复性引入的相对标准不确定度分量 $u_{\text{rel}}(h_1)$ 和读数误差引入的相对标准不确定度分量 $u_{\text{rel}}(h_2)$ 取较大值，即 0.29%。

（3）钢直尺引入的相对标准不确定度分量 $u_{\text{rel}}(h_3)$

测量混凝土芯样高度使用的钢直尺由校准证书引入的扩展不确定度 $U = 0.05\text{mm}$，包含因子 $k = 2$。

标准不确定度为：

$$u(h_3) = \frac{0.05}{2} = 0.025(\text{mm})$$

相对标准不确定度为：

$$u_{\text{rel}}(h_3) = \frac{u(h_3)}{h_\text{m}} = \frac{0.025}{99.83} = 0.025\%$$

综上计算，与钢直尺相关的合成相对标准不确定度 $u_{\text{rel,c}}(h)$：

$$u_{\text{rel,c}}(h) = \sqrt{u_{\text{rel}}^2(h_2) + u_{\text{rel}}^2(h_3)} = \sqrt{(0.29\%)^2 + (0.025\%)^2} = 0.29\%$$

3. 与卡尺相关的不确定度 $u(d)$

（1）重复性引入的相对标准不确定度分量 $u_{\text{rel}}(d_1)$

实验标准偏差：

$$s_j = \sqrt{\frac{\sum\limits_{i=1}^{n}(d_i - d_\text{m})^2}{n-1}} = \sqrt{\frac{\sum\limits_{i=1}^{6}(d_i - d_\text{m})^2}{5}}$$

合并样本标准偏差：

$$s_\text{p} = \sqrt{\frac{\sum\limits_{j=1}^{m} s_j^2}{m}} = \sqrt{\frac{\sum\limits_{j=1}^{3} s_j^2}{3}}$$

标准不确定度为：

$$u(d_1) = \frac{s_\text{p}}{\sqrt{n}} = \frac{0.42}{\sqrt{3}} = 0.24(\text{mm})$$

相对标准不确定度为：

$$u_{\text{rel}}(d_1) = \frac{u(d_1)}{d_\text{m}} = \frac{0.24}{99.83} = 0.24\%$$

（2）读数误差引入的相对标准不确定度分量 $u_{rel}(d_2)$

读数误差为 0.02mm 的卡尺，按照均匀分布，包含因子 $k=\sqrt{3}$，半宽 $a=0.01$mm。标准不确定度为：

$$u(d_2)=\frac{0.01}{\sqrt{3}}=0.006(\text{mm})$$

相对标准不确定度为：

$$u_{rel}(d_2)=\frac{u(d_2)}{d_m}=\frac{0.006}{99.83}=0.006\%$$

对重复性引入的相对标准不确定度分量 $u_{rel}(d_1)$ 和读数误差引入的相对标准不确定度分量 $u_{rel}(d_2)$ 取较大值，即 0.24%。

（3）卡尺引入的相对标准不确定度分量 $u_{rel}(d_3)$

测量混凝土芯样直径使用的卡尺由校准证书引入的扩展不确定度 $U=0.01$mm，包含因子 $k=2$。

标准不确定度为：

$$u(d_3)=\frac{0.01}{2}=0.005(\text{mm})$$

相对标准不确定度为：

$$u_{rel}(d_3)=\frac{u(d_3)}{d_m}=\frac{0.005}{99.83}=0.005\%$$

综上计算，与卡尺相关的合成相对标准不确定度 $u_{rel,c}(d)$：

$$u_{rel,c}(d)=\sqrt{u_{rel}^2(d_1)+u_{rel}^2(d_3)}=\sqrt{(0.24\%)^2+(0.005\%)^2}=0.24\%$$

13.6.5 合成相对标准不确定度

合成相对标准不确定度 $u_{rel,c}(f_{t,cor})$ 计算公式为

$$u_{rel,c}(f_{t,cor})=\sqrt{c_1^2u_{rel,c}^2(F_t)+c_2^2u_{rel,c}^2(h)+c_3^2u_{rel,c}^2(d)}=\sqrt{u_{rel,c}^2(F_t)+u_{rel,c}^2(h)+u_{rel,c}^2(d)}$$
$$=\sqrt{(2.29\%)^2+(0.29\%)^2+(0.24\%)^2}=2.32\%$$

13.6.6 不确定度评定一览表

不确定度评定一览表见表 13-11。

表 13-11 不确定度评定一览表

序号	相对标准不确定度分量 $u_{rel}(x_i)$	不确定度来源	相对标准不确定度	c_i
1	$u_{rel}(F_t)$	与压力试验机相关的相对不确定度	2.29%	1

序号	相对标准不确定度分量 $u_{rel}(x_i)$	不确定度来源	相对标准不确定度	c_i
2	$u_{rel}(F_{t1})$	重复性引入的相对标准不确定度分量	2.28%	—
3	$u_{rel}(F_{t2})$	示值误差引入的相对标准不确定度分量		—
4	$u_{rel}(F_{t3})$	压力试验机引入的相对标准不确定度分量	0.2%	—
5	$u_{rel}(h)$	与钢直尺相关的不确定度	0.29%	−1
6	$u_{rel}(h_1)$	重复性引入的相对标准不确定度分量	0.29%	—
7	$u_{rel}(h_2)$	读数误差引入的相对标准不确定度分量		—
8	$u_{rel}(h_3)$	钢直尺引入的相对标准不确定度分量	0.025%	—
9	$u_{rel}(d)$	与卡尺相关的不确定度	0.24%	−1
10	$u_{rel}(d_1)$	重复性引入的相对标准不确定度分量	0.24%	—
11	$u_{rel}(d_2)$	读数误差引入的相对标准不确定度分量		—
12	$u_{rel}(d_3)$	卡尺引入的相对标准不确定度分量	0.005%	—
13	$u_{rel,c}(f_{t,cor})=2.32\%$			

13.6.7　测量结果的相对扩展不确定度 $U_{rel,c}$

取包含因子 $k=2$，则其测量结果的相对扩展不确定度为

$$U_{rel,c}=k \cdot u_{rel,c}(f_{t,cor})=2 \times 2.32\%=4.64\%$$

13.6.8　测量不确定度报告

对于劈裂抗拉强度检测结果为 3.98MPa，其扩展不确定度为

$$U_c=3.98 \times 4.64\%=0.18 \quad (\text{MPa})$$

检测结果为：(3.98 ± 0.18) MPa，$k=2$。

13.7　裂缝宽度检测的测量不确定度的评定

房屋裂缝在影响房屋结构的安全及正常使用时，需进行相应的检测及处理工作，对于允许带裂缝工作的结构或构件，当裂缝相关指标符合国家现行相关规范规定时，可不对此类裂缝进行检测和处理。

13.7.1　试验原理及过程

1. 裂缝宽度检测依据
（1）检测依据

《房屋裂缝检测与处理技术规程》（CECS 293—2011）；

（2）评定依据

《测量不确定度评定与表示》（JJF 1059.1—2012）。

2. 裂缝宽度检测测试对象

检测测试对象为厚度 100mm 钢筋混凝土楼板。

3. 检测测量设备

DJCK-2 裂缝测宽仪，测量范围为 0.02 ~ 2mm，允许误差 ± 0.01mm。

4. 按照设备使用说明对裂缝测宽仪进行设置和初始化。对钢筋混凝土楼板的裂缝宽度进行测量。

13.7.2 裂缝宽度测量不确定度评定的数学模型

1. 数学模型

裂缝宽度是直接测量量，其数学模型为：

$$\Delta = k - k_a \tag{13-15}$$

式中　k——测量仪器显示厚度值（mm）；

　　k_a——楼板实际裂缝宽度值（mm）；

　　Δ——DJCK-2 裂缝测宽仪误差（mm）。

该数学模型即仪器示值 k 与楼板实际裂缝宽度值 k_a 之差。

2. 灵敏系数和合成标准不确定度公式

（1）灵敏系数

$$c_1 = \frac{\partial \Delta}{\partial k} = 1, c_2 = \frac{\partial \Delta}{\partial k_a} = -1$$

（2）合成标准不确定度

由于 k 与 k_a 彼此独立不相关，所以合成标准不确定度 $u_c(\Delta)$ 计算公式为

$$u_c(\Delta) = \sqrt{c_1^2 u^2(k) + c_2^2 u^2(k_a)} = \sqrt{u^2(k) + u^2(k_a)}$$

13.7.3 不确定度来源分析

有很多因素影响测量结果，这些因素又来自很多方面，例如被测对象、测量仪器设备、测量的环境、测量的方法以及测量人员所导致的误差。了解了不确定度的来源，便可以对任何测量方法的不确定度进行分析。

合成标准不确定度 $u_c(\Delta)$ 主要由"与裂缝测宽仪相关的不确定度 $u(k)$"组成。

$u(k)$ 主要由 $u(k_1)$、$u(k_2)$、$u(k_3)$ 3 个不确定分量构成。具体如下：

（1）重复性引入的标准不确定度分量 $u(k_1)$；

（2）分辨力引入的标准不确定度分量 $u(k_2)$；

（3）裂缝测宽仪引入的标准不确定度分量 $u(k_3)$。

其他来源：

（1）被检裂缝测宽仪定位误差的影响

裂缝测宽仪通过采用目标探测，寻找最大裂缝宽度位置，此项误差影响量由多次实验获得，在重复性实验中已经包含，不再重复考虑。

（2）环境温度的影响

在仪器的正常使用环境条件下，由于标准器的特性受温度影响变化很小，可以忽略不计。

13.7.4 不确定度评定

1. 重复性引入的标准不确定度分量 $u(k_1)$

可以通过连续测量得到测量列。

用裂缝测宽仪进行测量，在重复性条件下连续测量 10 次，得到的测量列为：0.25mm，0.26mm，0.27mm，0.25mm，0.25mm，0.26mm，0.24mm，0.25mm，0.26mm，0.25mm。

裂缝宽度平均值：

$$k_m = \frac{\sum_{i=1}^{n} k_i}{n} = \frac{\sum_{i=1}^{10} k_i}{10} = 0.254(\text{mm})$$

实验标准偏差：

$$s = \sqrt{\frac{\sum_{i=1}^{n}(k - k_m)^2}{n-1}} = \sqrt{\frac{\sum_{i=1}^{10}(k - k_m)^2}{9}} = 0.008(\text{mm})$$

标准不确定度为：

$$u(k_1) = s = 0.008\text{mm}$$

2. 分辨力引入的标准不确定度分量 $u(k_2)$

分辨力引入的不确定度为 0.01mm，这一误差在此区间内均匀分布，包含因子 $k = \sqrt{3}$。

$$u(k_2) = \frac{0.01}{\sqrt{3}} = 0.006(\text{mm})$$

对裂缝宽度值重复性引入的标准不确定度分量 $u(k_1)$ 和分辨力引入的不确定度分量 $u(k_2)$ 取较大值，即 0.008mm。

3. 裂缝测宽仪引入的标准不确定度分量 $u(k_3)$

本次检测使用的裂缝测宽仪由校准证书确定引入的扩展不确定度 $U = 0.002$，包含因子 $k = 2$。

$$u(k_3) = \frac{0.002}{2} = 0.001\,(\mathrm{mm})$$

综上计算，与裂缝测宽仪相关的合成标准不确定度 $u_c(\Delta)$：

$$u_c(\Delta) = u(k) = \sqrt{u^2(k_1) + u^2(k_3)} = \sqrt{0.008^2 + 0.001^2} = 0.008\,(\mathrm{mm})$$

13.7.5　不确定度评定一览表（表13-12）

表13-12　不确定度评价一览表

序号	标准不确定度分量 $u(x_i)$	不确定度来源	标准不确定度（mm）
1	$u(k)$	与裂缝测宽仪相关的不确定度	0.008
2	$u(k_1)$	重复性引入的标准不确定度分量	0.008
3	$u(k_2)$	分辨力引入的标准不确定度分量	
4	$u(k_3)$	裂缝测宽仪引入的标准不确定度分量	0.001
5	$u_c(\Delta) = 0.008\mathrm{mm}$		

13.7.6　测量结果的扩展不确定度 U

取包含因子 $k = 2$，测量结果的扩展不确定度为：
$$U = k \cdot u_c(\Delta) = 2 \times 0.008 = 0.016\,(\mathrm{mm})$$

13.7.7　测量不确定度报告

裂缝宽度检测结果为 $k_m \pm U = (0.254 \pm 0.016)\,\mathrm{mm}$，$k = 2$。

13.8　回弹法检测砂浆抗压强度的测量不确定度的评定

回弹法检测砂浆抗压强度是一种无损检测技术，这种方法操作简便，数据及时，费用低廉且不破坏构件，因此在工程中得到了十分广泛的应用。在砂浆回弹法检测中，砂浆的碳化对回弹值有较明显的影响，因此必须把砂浆碳化深度作为一个重要的影响因素。测量过程中还会受到其他多种因素影响，通过引入测量不确定度，对影响因素进行分析，并计算测量不确定度，提出合理的评定强度。

13.8.1　试验原理及过程

1. 回弹法检测砂浆抗压强度评定依据

（1）检测依据

《砌体工程现场检测技术标准》（GB/T 50315—2011）。

（2）评定依据

《测量不确定度评定与表示》（JJF 1059.1—2012）。

（3）环境条件：工作温度（-4~40）℃。

2. 回弹法检测测试对象

检测测试对象为单片 240mm 厚烧结多孔砖混合砂浆砌体墙，将该单片墙体作为一个测区。该墙砂浆抗压强度设计值为 M7.5。

3. 回弹法检测测量设备

采用 ZC5 型砂浆回弹仪，测量范围为强度换算值在 2~15MPa 的砂浆，允许误差 ±1；LR-TH1 数字式碳化深度测量仪，测量范围为 0~8mm，允许误差 ±0.25mm。

4. 回弹法检测测试过程

按照设备使用说明对砂浆回弹仪进行设置和初始化。对砌体墙的砂浆抗压强度进行测量。

13.8.2　砂浆抗压强度的计算

1. 回弹法检测砂浆抗压强度的原理

砂浆回弹仪利用弹击锤产生的冲击动能弹击砂浆表面，所产生的瞬时弹性变形的恢复力使弹击锤带动指针弹回并指示出弹回的距离，通过回弹值以及碳化深度可推算砂浆抗压强度。回弹值是重锤冲击过程中能量损失的反映。能量损失越小，砂浆表面硬度越大，其相应的回弹值就越高。由于砂浆表面硬度与砂浆抗压强度在变化关系上有一致性，因此回弹值大小也反映了砂浆抗压强度的大小。

影响砂浆抗压强度与回弹值的因素十分广泛，例如水泥品种、外加剂的影响，成型方法、养护方法的影响，砂浆碳化、龄期及含水率的影响等。

2. 检测方法

砂浆强度检测时，首先确定测区及检测面。将单片墙体作为 1 个测区，测区抽检宜选在承重墙的可测面上，并应避开门窗洞口及预埋件等附件。检测面要用砂轮等工具将粉刷层、污物等磨平并清除干净，保证弹击点处砂浆表面平整。其次，每个测位内应均匀布置 12 个弹击点，每个弹击点上应使用回弹仪连续弹击 3 次，取第 3 次的回弹值。测试过程中，回弹仪应始终保持水平状态。

从每个测位的 12 个回弹值中，分别剔除最大值和最小值，取余下 10 个回弹值计算算术平均值，作为该测位的平均回弹值。

$$R_\mathrm{m} = \frac{\sum\limits_{i=1}^{10} R_i}{10} \qquad (13\text{-}16)$$

式中 R_m——该测区每个测位的平均回弹值；

R_i——该测区每个测位的第 i 个弹击点值。

碳化后砂浆表面强度提高，必须在测区内利用酚酞酒精溶液显色反应进行碳化深度测量。用数字式碳化深度测量仪测量已碳化与未碳化交界面到表面的垂直距离，精确至 0.5mm。

3. 砂浆抗压强度推定

（1）砂浆平均回弹值计算

根据《砌体工程现场检测技术标准》（GB/T 50315—2011）第 3.3.3-3 条，砂浆回弹法测位数不应少于 5 个。实测数据见表 13-13。

表 13-13　砂浆回弹值

测位	砂浆回弹值												回弹平均值 R_m
	1	2	3	4	5	6	7	8	9	10	11	12	
1	34	24	30	34	28	25	20	34	23	28	29	20	27.50
2	28	20	28	32	27	24	23	29	31	32	21	26	26.90
3	34	33	22	20	21	34	24	29	32	26	28	28	27.70
4	31	33	31	29	21	25	24	31	28	27	23	32	28.50
5	20	31	28	23	28	20	32	27	25	30	25	28	26.50

（2）测区砂浆抗压强度平均值计算

当 $d_m \geqslant 3.0mm$ 时，取 3.0mm：

$$f_{2i} = 6.34 \times 10^{-5} R_m^{3.60} \tag{13-17}$$

$$f_2 = \frac{1}{n} \sum_{i=1}^{n} f_{2i} \tag{13-18}$$

式中 f_{2i}——该测区第 i 个测位的砂浆强度值；

d_m——该测区第 i 个测位的平均碳化深度；

f_2——该测区的砂浆抗压强度换算值；

n——该测区测位数。

砂浆抗压强度换算值计算结果见表 13-14。

表 13-14　砂浆抗压强度换算值计算结果

测位	回弹平均值	平均碳化深度值（mm）	强度换算值（MPa）
1	27.50	4.0	9.63
2	26.90	—	8.90
3	27.70	4.0	9.89

测位	回弹平均值	平均碳化深度值（mm）	强度换算值（MPa）
4	28.50	4.0	10.95
5	26.50	—	8.43

该测区的砂浆抗压强度换算值 $f_2 = 9.60\text{MPa}$。

13.8.3 回弹法检测砂浆抗压强度测量不确定度评定的数学模型

当 $d_m \geqslant 3.0\text{mm}$ 时，由砂浆的回弹值 R 计算得到砂浆抗压强度换算值 f_2。

$$f_2 = \frac{1}{n} \sum_{i=1}^{n} f_{2i}$$

$$f_{2i} = 6.34 \times 10^{-5} R_m^{3.60}$$

$$R_m = \frac{\sum_{i=1}^{10} R_i}{10}$$

13.8.4 不确定度来源分析

有很多因素影响测量结果，这些因素又来自很多方面，例如被测对象、测量仪器设备、测量的环境、测量的方法以及测量人员所导致的误差。了解了不确定度的来源，便可以对任何测量方法的不确定度进行分析。

合成标准不确定度 $u_c(f_2)$ 主要由"回弹值 R_{ij} 相关的不确定度 $u(R)$"和"碳化深度 d_{ij} 相关的不确定度 $u(d)$"构成。

$u(R)$ 主要由 $u(R_1)$、$u(R_2)$、$u(R_3)$、$u(R_4)$、$u(R_5)$ 5 个不确定分量构成。具体如下：

（1）重复性引入的标准不确定度分量 $u(R_1)$；

（2）读数误差引入的标准不确定度分量 $u(R_2)$；

（3）弹击方向偏离引入的标准不确定度分量 $u(R_3)$；

（4）砂浆回弹仪引入的标准不确定度 $u(R_4)$；

（5）砂浆回弹仪钢砧率定值引入的标准不确定度 $u(R_5)$。

$u(d)$ 主要由 $u(d_1)$、$u(d_2)$、$u(d_3)$ 3 个不确定度分量构成。具体如下：

（1）重复性引入的标准不确定度分量 $u(d_1)$；

（2）分辨力引入的标准不确定度分量 $u(d_2)$；

（3）数字式碳化深度测试仪引入的标准不确定度分量 $u(d_3)$。

13.8.5 不确定度评定

1. 回弹值 R_i 相关的不确定度 $u(R)$ 评定

（1）重复性引入的标准不确定度分量 $u(R_1)$

实验标准偏差：

$$s_j = \sqrt{\frac{\sum_{i=1}^{n}(R_i - R_m)^2}{n-1}} = \sqrt{\frac{\sum_{i=1}^{10}(R_i - R_m)^2}{9}}$$

合并样本标准偏差：

$$s_p = \sqrt{\frac{\sum_{j=1}^{m} s_j^2}{m}} = \sqrt{\frac{\sum_{j=1}^{5} s_j^2}{5}}$$

标准不确定度为：

$$u(R_1) = \frac{s_p}{\sqrt{n}} = \frac{1.98}{\sqrt{10}} = 0.63$$

（2）读数误差引入的标准不确定度分量 $u(R_2)$

读数误差为 1 的砂浆回弹仪，按照均匀分布，包含因子 $k=\sqrt{3}$，半宽 $a=0.5$。

$$u(R_2) = \frac{0.5}{\sqrt{3}} = 0.29$$

对重复性引入的标准不确定度分量 $u(R_1)$ 和读数误差引入的标准不确定度分量 $u(R_2)$ 取较大值，即 0.63。

（3）弹击方向偏离引入的标准不确定度分量 $u(R_3)$

砂浆回弹仪的弹击偏离角度对回弹值的影响在 1 之内，这一误差在此区间内均匀分布，包含因子 $k=\sqrt{3}$。

$$u(R_3) = \frac{1}{\sqrt{3}} = 0.58$$

（4）砂浆回弹仪引入的标准不确定度分量 $u(R_4)$

本次检测使用的 ZC5 型砂浆回弹仪由校准证书引入的扩展不确定度 $U=1mm$，包含因子 $k=2$。

$$u(R_4) = \frac{1}{2} = 0.50$$

（5）砂浆回弹仪钢砧率定值引入的标准不确定度分量 $u(R_5)$

回弹仪使用前，应在钢砧上进行率定。率定时对回弹值的影响在 1 之内，这一误差在此区间内均匀分布，包含因子 $k=\sqrt{3}$。

$$u(R_5) = \frac{1}{\sqrt{3}} = 0.58$$

综上计算，与 ZC5 型砂浆回弹仪相关的不确定度分量 $u(R)$：

$$u(R) = \sqrt{u^2(R_1) + u^2(R_3) + u^2(R_4) + u^2(R_5)}$$
$$= \sqrt{0.63^2 + 0.58^2 + 0.50^2 + 0.58^2} = 1.15$$

2. 碳化深度值 d_i 相关的不确定度 $u(d)$ 评定

（1）重复性引入的标准不确定度分量 $u(d_1)$

实验标准偏差：

$$s_j = \sqrt{\frac{\sum_{i=1}^{n}(d_i - d_m)^2}{n-1}} = \sqrt{\frac{\sum_{i=1}^{3}(R_i - R_m)^2}{2}}$$

合并样本标准偏差：

$$s_p = \sqrt{\frac{\sum_{j=1}^{m} s_j^2}{m}} = \sqrt{\frac{\sum_{j=1}^{3} s_j^2}{3}}$$

标准不确定度为：

$$u(d_1) = \frac{s_p}{\sqrt{n}} = \frac{0.28}{\sqrt{3}} = 0.16(\text{mm})$$

（2）分辨力引入的标准不确定度分量 $u(d_2)$

分辨力引入的不确定度为 0.25mm，这一误差在此区间内均匀分布，包含因子 $k = \sqrt{3}$。

$$u(d_2) = \frac{0.25}{\sqrt{3}} = 0.14(\text{mm})$$

对重复性引入的标准不确定度分量 $u(d_1)$ 和分辨力引入的不确定度分量 $u(d_2)$ 取较大值，即 0.16mm。

（3）数字式碳化深度测试仪引入的标准不确定度分量 $u(d_3)$

本次检测使用的 LR-TH1 型数字式碳化深度测量仪由校准证书确定引入的扩展不确定度 $U = 0.09$mm，包含因子 $k = 2$。

$$u(d_3) = \frac{0.09}{2} = 0.045 \ (\text{mm})$$

综上计算，与 LR-TH1 型数字式碳化深度测量仪相关的不确定度分量 $u(d)$：

$$u(d) = \sqrt{u^2(d_1) + u^2(d_3)} = \sqrt{0.16^2 + 0.045^2} = 0.17 \ (\text{mm})$$

3. 合成标准不确定度 $u_c(f_2)$ 的评定

（1）灵敏系数

$$c_1 = \frac{\partial f_2}{\partial R} = 1 \qquad c_2 = \frac{\partial f_2}{\partial d} = 1$$

（2）合成标准不确定度

由于 R 和 d 当 $d_i \geqslant 3.0$mm 时彼此独立不相关，所以砂浆抗压强度换算值合成标准不确定度表示如下式所示：

$$u_c(f_2) = \sqrt{c_1^2 u^2(R) + c_2^2 u^2(d)} = \sqrt{1.15^2 + 0.17^2} = 1.16(\text{MPa})$$

4. 不确定度评定一览表（表 13-15）

表 13-15　不确定度评定一览表

序号	标准不确定度分量 $u(x_i)$	不确定度来源	标准不确定度	c_i
1	$u(R)$	回弹值 R_i 相关的不确定度	1.15	1
2	$u(R_1)$	重复性引入的标准不确定度分量	0.63	—
3	$u(R_2)$	读数误差引入的标准不确定度分量		—
4	$u(R_3)$	弹击方向偏离引入的标准不确定度分量	0.58	—
5	$u(R_4)$	砂浆回弹仪引入的标准不确定度分量	0.50	—
6	$u(R_5)$	砂浆回弹仪钢砧率定值引入的标准不确定度分量	0.58	—
7	$u(d)$	碳化深度 d_i 相关的不确定度	0.17mm	1
8	$u(d_1)$	重复性引入的标准不确定度分量	0.16mm	—
9	$u(d_2)$	分辨力引入的标准不确定度分量		—
10	$u(d_3)$	碳化深度测试仪引入的标准不确定度分量	0.045mm	—
11		合成标准不确定度 $u_c(f_2) = 1.16$MPa		

5. 测量结果的扩展不确定度 U

取置信因子 $k = 2$，测量结果的扩展不确定度为：

$$U = k \cdot u_c(f_2) = 2 \times 1.16 = 2.32 \text{（MPa）}$$

6. 测量不确定度报告

砂浆抗压强度检测结果为 $f_2 = (9.6 \pm 2.32)$MPa，$k = 2$。

13.9　回弹法检测烧结普通砖抗压强度的测量不确定度的评定

采用回弹法检测砌体中烧结普通砖抗压强度，具有非破损、检测面广、测试简便迅速等优点，是一种较理想的原位非破损检测方法，可以用作对既有建筑中砌体结构的质量进行检测、鉴定或评估。目前正在使用的检测标准《砌体工程现场检测技术标准》（GB/T 50315—2011）中所规定的回弹法适用于推定烧结普通砖砌体或烧结多孔砖砌体中砖的抗压强度。

13.9.1　试验原理及过程

1. 回弹法检测混凝土抗压强度依据

（1）检测依据

《砌体工程现场检测技术标准》（GB/T 50315—2011）。

（2）评定依据

《测量不确定度评定与表示》（JJF 1059.1—2012）。

（3）环境条件：工作温度（−4~40）℃。

2. 回弹法检测测试对象

检测测试对象为单片 240mm 厚烧结普通砖砌体墙，将该单片墙体作为一个测区。该墙砖抗压强度设计值为 MU10。

3. 检测测量设备

采用 HT75 型砖回弹仪，适用范围为强度换算值在 6~30MPa 的烧结砖，允许误差 ±1。

4. 检测测试过程

按照设备使用说明对 HT75 型砖回弹仪进行设置和初始化。对烧结普通砖的抗压强度进行测量。

13.9.2　烧结普通砖抗压强度的计算

1. 平均回弹值 R 计算

被检测砖应为外观质量合格的完整砖。砖的条面应干燥、清洁、平整，不应有饰面层、粉刷层，必要时可用砂轮清除表面的杂物，并应磨平测面，同时应用毛刷刷去粉尘。在每块砖的测面上应均匀布置 5 个弹击点。选定弹击点时应避开砖表面的缺陷。相邻两弹击点的间距不应小于 20mm，弹击点离砖边缘不应小于 20mm，每一弹击点应只能弹击一次，回弹值读数应估读至 1mm。测试时，回弹仪应处于水平状态，其轴线应垂直于砖的测试面。单个测位的回弹值，应取 5 个弹击点回弹值的平均值。

$$R = \frac{\sum_{k=1}^{5} R_k}{5} \tag{13-19}$$

式中　R——第 i 测区第 j 个测位的平均回弹值；

R_k——第 i 测区第 j 个测位第 k 个测点的回弹值。

2. 烧结普通砖抗压强度的换算值 f_{1ij}

第 i 测区第 j 个测位的抗压强度换算值，应按下列公式计算：

$$f_{1ij} = 2 \times 10^{-2} R^2 - 0.45R + 1.25 \qquad (13\text{-}20)$$

式中 f_{1ij}——第 i 测区第 j 个测位的抗压强度换算值。

3. 测区的砖抗压强度平均值 f_{1i}

$$f_{1i} = \frac{\sum\limits_{j=1}^{10} f_{1ij}}{10} \qquad (13\text{-}21)$$

实测数据及计算结果见表 13-16。

表 13-16　烧结普通砖回弹值 （MPa）

楼层	测区	测位	回弹值					回弹平均值 R	测区砖抗压强度换算值 f_{1ij}	测区砖抗压强度平均值 f_{1i}
一层	$1 \times A - B$	1	36	37	34	36	37	36.0	10.97	10.92
		2	38	32	38	37	36	36.2	11.17	
		3	34	34	39	36	37	36.0	10.97	
		4	36	40	37	34	38	37.0	11.98	
		5	32	34	34	39	35	34.8	9.81	
		6	32	37	38	36	34	35.4	10.38	
		7	35	37	39	36	37	36.4	11.37	
		8	36	34	39	39	39	37.4	12.40	
		9	32	34	34	35	38	34.6	9.62	
		10	35	37	39	34	33	35.6	10.58	

13.9.3　回弹法检测烧结普通砖抗压强度测量不确定度评定的数学模型

由构件的回弹值 R_k 计算得到烧结普通砖抗压强度平均值 f_{1i}。

$$f_{1i} = \frac{\sum\limits_{j=1}^{10} f_{1ij}}{10}$$

$$f_{1ij} = 2 \times 10^{-2} R^2 - 0.45R + 1.25$$

$$R = \frac{\sum\limits_{k=1}^{5} R_k}{5}$$

13.9.4　不确定度来源分析

有很多因素影响测量结果，这些因素又来自很多方面，例如被测对象、测量仪器设备、测量的环境、测量的方法以及测量人员所导致的误差。了解了不确定

度的来源，便可以对任何测量方法的不确定度进行分析。

合成标准不确定度 $u_c(f_{1i})$ 主要由"回弹值 R_k 相关的不确定度 $u(R_k)$"构成。$u(R_k)$ 主要由 $u(R_{k1})$、$u(R_{k2})$、$u(R_{k3})$、$u(R_{k4})$、$u(R_{k5})$ 5个不确定分量构成。具体如下：

（1）重复性引入的标准不确定度分量 $u(R_{k1})$；

（2）读数误差引入的标准不确定度分量 $u(R_{k2})$；

（3）弹击方向偏离引入的标准不确定度分量 $u(R_{k3})$；

（4）砖回弹仪引入的标准不确定度分量 $u(R_{k4})$；

（5）回弹仪钢砧率定值引入的标准不确定度分量 $u(R_{k5})$。

13.9.5　不确定度评定

1. 回弹值 R_k 相关的不确定度 $u(R_k)$

（1）回弹值 R_k 重复性引入的标准不确定度分量 $u(R_{k1})$

实验标准偏差：

$$s_j = \sqrt{\frac{\sum_{i=1}^{n}(R_k - R)^2}{n-1}} = \sqrt{\frac{\sum_{i=1}^{5}(R_k - R)^2}{4}}$$

合并样本标准偏差：

$$s_p = \sqrt{\frac{\sum_{j=1}^{m}s_j^2}{m}} = \sqrt{\frac{\sum_{j=1}^{10}s_j^2}{10}}$$

标准不确定度为：

$$u(R_{k1}) = \frac{s_p}{\sqrt{n}} = \frac{2.20}{\sqrt{10}} = 0.70$$

（2）读数误差引入的标准不确定度分量 $u(R_{k2})$

读数误差为1的砖回弹仪，按照均匀分布，包含因子 $k = \sqrt{3}$，半宽 $a = 0.5$。

$$u(R_{k2}) = \frac{0.5}{\sqrt{3}} = 0.29$$

对重复性引入的标准不确定度分量 $u(R_{k1})$ 和读数误差引入的标准不确定度分量 $u(R_{k2})$ 取较大值，即0.70。

（3）弹击方向偏离引入的标准不确定度分量 $u(R_{k3})$

回弹仪的弹击偏离角度对回弹值的影响在1之内，这一误差在此区间内均匀分布，包含因子 $k = \sqrt{3}$。

$$u(R_3) = \frac{1}{\sqrt{3}} = 0.58$$

（4）砖回弹仪引入的标准不确定度分量 $u(R_{k4})$

本次检测使用的 HT75 型砖回弹仪由校准证书引入的扩展不确定度 $U = 1.7$，包含因子 $k = 2$。

$$u(R_{k4}) = \frac{1.7}{2} = 0.85$$

（5）回弹仪钢砧率定值引入的标准不确定度分量 $u(R_{k5})$

回弹仪使用前，应在钢砧上进行率定。率定时对回弹值的影响在 1 之内，这一误差在此区间内均匀分布，包含因子 $k = \sqrt{3}$。

$$u(R_5) = \frac{1}{\sqrt{3}} = 0.58$$

综上计算，与 HT75 型砖回弹仪相关的合成标准不确定度分量 $u_c(f_{1i})$：

$$u_c(f_{1i}) = u(R_k) = \sqrt{u^2(R_{k1}) + u^2(R_{k3}) + u^2(R_{k4}) + u^2(R_{k5})}$$
$$= \sqrt{0.70^2 + 0.58^2 + 0.85^2 + 0.58^2} = 1.37$$

2. 不确定度评定一览表（表 13-17）

表 13-17　不确定度评价一览表

标准不确定度分量 $u(x_i)$	不确定度来源	标准不确定度
$u(R_k)$	回弹值 R_k 相关的不确定度	1.37
$u(R_{k1})$	重复性引入的标准不确定度分量	0.70
$u(R_{k2})$	读数误差引入的标准不确定度分量	
$u(R_{k3})$	弹击方向偏离引入的标准不确定度分量	0.58
$u(R_{k4})$	砖回弹仪引入的标准不确定度分量	0.85
$u(R_{k5})$	回弹仪钢砧率定值引入的标准不确定度分量	0.58
合成标准不确定度分量 $u_c(f_{1i}) = 1.37$		

3. 测量结果的扩展不确定度 U

取包含因子 $k = 2$，测量结果的扩展不确定度为：

$$U = k \cdot u_c(f_{1i}) = 2 \times 1.37 = 2.75 \quad (\text{MPa})$$

4. 测量不确定度报告

烧结普通砖抗压强度检测结果为 $f_{1i} = (10.92 \pm 2.75)\text{MPa}$，$k = 2$。

13.10　低应变检测基桩缺陷深度的测量不确定度的评定

本检测从多次试验测量缺陷深度、平均波速的设定、仪器测得时间差 Δt、

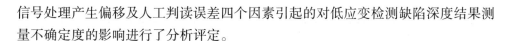

信号处理产生偏移及人工判读误差四个因素引起的对低应变检测缺陷深度结果测量不确定度的影响进行了分析评定。

13.10.1　试验依据、设备、方法

试验依据:《建筑基桩检测技术规范》(JGJ 106—2014)。

试验设备:RS-1616K(P)桩基动测仪。

试验方法:在规范规定要求内,利用动测仪对目标桩检测桩身完整性,测量桩身缺陷位置,分析缺陷深度的测量不确定度,找出影响不确定度的因素,对不确定度进行评定。

13.10.2　缺陷深度测量不确定度评定的数学模型

测量不确定因素,主要来自设备、环境条件、试验人员、试验方法的缺陷等因素。对于低应变检测缺陷桩身缺陷深度,检测时环境条件的影响很小可以忽略不计;忽略上述影响因素,缺陷深度的数学模型可表示为

$$x = f(x, C, \Delta t, \delta_1)$$

缺陷深度计算公式为

$$x = x' + \delta_1 = C \times \Delta t / 2 + \delta_1 \tag{13-22}$$

式中　x——缺陷深度;

　　x'——缺陷的理论深度;

　　C——缺陷以上的桩身设定平均波速;

　　Δt——反射波与入射波的时间差;

　　δ_1——信号经处理后产生偏移及人工判读误差所产生的偏差。

13.10.3　构成不确定度的基本要素

(1) 重复多次检测桩身缺陷深度引入的标准不确定度 $u(x)$,作 A 类评定;

(2) 由平均波速的设定引入的标准不确定度 $u(C)$,作 B 类评定;

(3) 由仪器测得时间差 Δt 引入的标准不确定度分量 $u(\Delta t)$,作 B 类评定;

(4) 由信号处理产生偏移及人工判读误差所引入的不确定度 $u(\delta_1)$,作 B 类评定。

13.10.4　标准不确定度的评定

按《建筑基桩检测技术规范》(JGJ 106—2014)要求,应用低应变对桩基缺陷深度进行检测,数据见表 13-18。

表 13-18　桩基缺陷深度

检测次数	缺陷位置（m）	检测次数	缺陷位置（m）
1	10.48	6	10.48
2	10.48	平均值 $\bar{x}$	10.48
3	10.58	单次测量标准不确定度 $s(x)$	0.07
4	10.37	平均值标准不确定度 $s(\bar{x})$	0.03
5	10.48		

（1）重复多次检测桩身缺陷深度引入的标准不确定度 $u(x)$

缺陷深度平均值：

$$\bar{x} = \frac{\sum\limits_{i=1}^{n} x_i}{n} = \frac{\sum\limits_{i=1}^{6} x_i}{6} = 10.48 \text{（m）}$$

单次测量标准不确定度：

$$s(x) = \sqrt{\frac{\sum\limits_{i=1}^{6} (x_i - \bar{x})^2}{6-1}} = 0.07(\text{m})$$

平均值标准不确定度：

$$s(\bar{x}) = \frac{s(x)}{\sqrt{n}} = 0.03\text{m}$$

重复多次检测桩身缺陷深度引入的标准不确定度 $u(x) = s(\bar{x}) = 0.03\text{m}$。

（2）由平均波速的设定引入的标准不确定度 $u(C)$

被测桩混凝土强度设计值为 C25，该等级混凝土应力波的波速范围为 3500 ~ 3700m/s，设定波速为 3600m/s，半宽为 100m/s，取正态分布，则不确定度为

$$u(C) = \frac{100}{3} \times \frac{10.48}{3600} = 0.10 \text{（m）}$$

（3）由仪器测得时间差 Δt 引入的标准不确定度分量 $u(\Delta t)$

$\Delta t = t_2 - t_1$，t_2 为反射波时刻，t_1 为入射波时刻，经同一台仪器在几毫秒内自动采样得出，应为线性相关，同一台仪器在几毫秒所测时间的不确定度应相同，$u(\Delta t) = u(t_2) - u(t_1) = 0$。

（4）由信号处理产生偏移及人工判读误差所引入的不确定度 $u(\delta_1)$

估计 δ_1 在 ± 0.5m 内，半宽 $a = 0.5$m，取矩形分布，$k = \sqrt{3}$。

$$u(\delta_1) = \frac{0.5}{\sqrt{3}} = 0.29 \text{（m）}$$

13.10.5　不确定度分量一览表（表13-19）

表13-19　不确定度分量一览表

序号	输入量	符号	标准不确定度	概率分布
1	x	$u(x)$	0.03m	正态
2	C	$u(C)$	0.10m	正态
3	Δt	$u(\Delta t)$	0	线性
4	δ_1	$u(\delta_1)$	0.29m	矩形

13.10.6　合成标准不确定度评定

由于上述四个分量彼此独立，由此可得缺陷深度的相对合成标准不确定度：

$$u_c = \sqrt{u^2(x) + u^2(C) + u^2(\Delta t) + u^2(\delta_1)} = 0.31 \quad (m)$$

13.10.7　扩展不确定度评定

取包含因子 $k=2$，缺陷深度的测量不确定度为

$$U = k \cdot u_c = 2 \times 0.31 = 0.62 \quad (m)$$

13.10.8　检测结果表示

缺陷深度：$x = (10.48 \pm 0.62)$ m，$k=2$。

13.11　钢筋性能的测量不确定度的评定

钢筋的性能应从其工艺性能和力学性能两方面进行检测，其工艺性能是以在规定的弯心直径和弯曲角度下所进行的弯曲试验来判定。如在弯曲处不发生裂缝、断裂或起层，即认为工艺性能合格。它是定性的检测结果，无需进行测量不确定度评定。

钢筋的力学性能是通过拉伸试验测量其下屈服点强度 R_{eL}、抗拉强度 R_m 及断裂时总伸长率 A_{5gt} 来判定其性能是否合格，这三者都具有 R_{eL} 定量测量结果，因此应进行测量不确定度评定。

13.11.1　钢筋下屈服点强度测量不确定度评定

1. 测量钢筋下屈服点强度的数学模型

钢筋的下屈服点强度是用液压万能材料试验机对钢筋进行拉伸，读出达到下

屈服点时的拉力，然后再按公式计算出下屈服点强度。这是一种间接测量，其数学模型为：

$$R_{eL} = \frac{F_y}{\frac{1}{4}\pi d^2}$$

（13-23）

式中　F_y——钢筋下屈服点的拉力（kN），为数学模型的输入量；

　　　　d——钢筋的公称直径（mm），是定值；

　　　　R_{eL}——钢筋下屈服点强度（MPa），为数学模型的输出量。

2. 钢筋下屈服点强度的标准不确定度

在评定 $u(F_y)$ 时，考虑到对钢筋的拉伸试验为一次性破坏性测量，无法在同一条件下进行多次性重复测量，所以无法进行不确定度的 A 类评定，而只能进行 B 类评定。对 $u(F_y)$ 有贡献的分量有 3 个：

（1）试验机准确度引起的最大示值误差。例如，所用的试验机的准确度为 1 级，即最大示值误差为 $0.01F_y$，该误差可认为是均匀分布，所引起的相对标准不确定度为

$$\frac{u_1(F_y)}{F_y} = \frac{0.01F_y}{F_y \sqrt{3}} = \frac{0.01}{\sqrt{3}} = 0.577\%$$

（2）试验机读数盘的读数分辨率引起的不确定度。由于读取下屈服点强度时，出现应力与应变之间的初始瞬间效应，即读数盘的指针从上屈服点读数下降后，不断摆动，然后再上升，以致用眼观测时，较难准确地读出下屈服点（即指针摆动到最低点）时的拉力 F，其读数最大误差可达到 1 分格，即 1kN。这种误差呈均匀分布，所引起的标准不确定度为：

$$u_2(F_y) = \frac{1}{\sqrt{3}} = 0.577(kN)$$

其相对标准不确定度为：

$$\frac{u_2(F_y)}{F_y} = \frac{0.577 \times 100}{F_y}\%$$

（3）试验机校准源的标准不确定度。例如上述准确度为 1 级的试验机，经计量局校准后，给出的校准源相对扩展不确定度为 0.3%，呈正态分布 $k_p = 2$，于是其相对标准不确定度为

$$\frac{u_A(F_y)}{F_y} = \frac{0.3\%}{k_p} = \frac{0.3\%}{2} = 0.15\%$$

注意到 $u_1(F_y)$、$u_2(F_y)$ 及 $u_A(F_y)$ 三者互不相关，所以合成相对标准不确定度为

$$\frac{u_\mathrm{c}(F_\mathrm{y})}{F_\mathrm{y}} = \sqrt{\left[\frac{u_1(F_\mathrm{y})}{F_\mathrm{y}}\right]^2 + \left[\frac{u_2(F_\mathrm{y})}{F_\mathrm{y}}\right]^2 + \left[\frac{u_\mathrm{A}(F_\mathrm{y})}{F_\mathrm{y}}\right]^2}$$

可以看出在合成相对标准不确定度中，均匀分布占多数，因此可认为 $u_\mathrm{c}(F_\mathrm{y})$ 接近于均匀分布，即 $U_{95}(F_\mathrm{y}) = k_\mathrm{p}u_\mathrm{c}(F_\mathrm{y}) = 1.65u_\mathrm{c}(F_\mathrm{y})$。

综上所述：

$$\frac{u_\mathrm{c}(R_\mathrm{eL})}{R_\mathrm{eL}} = \sqrt{\left[\frac{u_\mathrm{c}(F_\mathrm{y})}{F_\mathrm{y}}\right]^2} = \frac{u_\mathrm{c}(F_\mathrm{y})}{F_\mathrm{y}} = \sqrt{\left[\frac{u_1(F_\mathrm{y})}{F_\mathrm{y}}\right]^2 + \left[\frac{u_2(F_\mathrm{y})}{F_\mathrm{y}}\right]^2 + \left[\frac{u_\mathrm{A}(F_\mathrm{y})}{F_\mathrm{y}}\right]^2}$$

用准确度为 1 级的液压万能材料试验机拉伸一根直径 $d = 25\mathrm{mm}$ 带肋钢筋，测得下屈服点拉力 $F_\mathrm{y} = 164.5\mathrm{kN}$，试验机的校准源相对扩展不确定度为 0.3%（正态分布，置信概率为 95%），试计算该带肋钢筋的下屈服点强度及置信概率为 95% 的扩展不确定度。

$$R_\mathrm{eL} = \frac{F_\mathrm{y}}{\frac{1}{4}\pi d^2} = \frac{164.5 \times 1000}{\frac{1}{4}\pi(25)^2} = 335.1\,\frac{\mathrm{N}}{\mathrm{mm}^2} = 335.1 \times 10^6\,\frac{\mathrm{N}}{\mathrm{m}^2} = 335.1\mathrm{MPa}$$

由于拉伸试验是一次性破坏性试验，所以只能用 B 类不确定度评定方法。对 $u_\mathrm{c}(F_\mathrm{y})$ 有贡献的分量有 3 个：

（1）试验机准确度引起的最大示值误差所引起的相对标准不确定度：

$$\frac{u_1(F_\mathrm{y})}{F_\mathrm{y}} = \frac{0.01 F_\mathrm{y}}{F_\mathrm{y}\sqrt{3}} = \frac{0.01}{\sqrt{3}} = 0.577\%$$

（2）试验机读数分辨率引起的相对标准不确定度：

$$\frac{u_2(F_\mathrm{y})}{F_\mathrm{y}} = \frac{0.577 \times 100\%}{F_\mathrm{y}} = \frac{0.577 \times 100\%}{164.5} = 0.351\%$$

（3）试验机校准源相对标准不确定度：

$$\frac{u_\mathrm{A}(F_\mathrm{y})}{F_\mathrm{y}} = \frac{0.3\%}{2} = 0.15\%$$

R_eL 的相对合成标准不确定度：

$$\frac{u_\mathrm{c}(R_\mathrm{eL})}{R_\mathrm{eL}} = \sqrt{(0.577\%)^2 + (0.351\%)^2 + (0.15\%)^2} = 0.00692$$

$$u_\mathrm{c}(R_\mathrm{eL}) = R_\mathrm{eL} \times 0.00692 = 335.1 \times 0.00692 = 2.3\,(\mathrm{MPa})$$

$u_\mathrm{c}(R_\mathrm{eL})$ 接近于均匀分布，于是置信概率为 95% 时 $k_\mathrm{p} = 1.65$。

测量结果为 $R_\mathrm{eL} = 335.1\mathrm{MPa}$，$U_{95}(R_\mathrm{eL}) = 1.65 \times 2.3 = 3.8\mathrm{MPa}$；$k_\mathrm{p} = 1.65$。

13.11.2　钢筋抗拉强度测量不确定度评定

1. 测量钢筋抗拉强度的数学模型

与测量钢筋下屈服点强度类似，抗拉强度也是间接测量，其数学模型为：

$$R_{m} = \frac{F_{m}}{\frac{1}{4}\pi d^2} \qquad\qquad (13\text{-}24)$$

式中　F_{m}——钢筋断裂时最大拉力（kN），为数学模型的输入量；

　　　d——钢筋的公称直径，是定值，不必进行测量不确定度评定；

　　　R_{m}——钢筋的抗拉强度（MPa），是数学模型的输出量。

2. 钢筋抗拉强度的标准不确定度 $u(R_{m})$ 评定

测量钢筋的抗拉强度也是一次性破坏性试验，所以和测量钢筋下屈服点强度一样，只能用 B 类方法评定其标准不确定度。

用准确度为 1 级的液压万能材料试验机拉伸一根直径 $D_0 = 20\text{mm}$ 的光圆钢筋，测得该钢筋断裂时最大拉力 $F_{m} = 117.8\text{kN}$。试验机的校准源相对扩展不确定度为 0.3%（正态分布，置信概率为 95%）。试计算该光圆钢筋的抗拉强度 R_{m} 及置信概率为 95% 的扩展不确定度 $U_{95}(R_{m})$。

$$R_{m} = \frac{F_{m}}{\frac{1}{4}\pi d^2} = \frac{117.8\text{kN} \times 4}{\pi \times 400\text{mm}^2} = \frac{117.8 \times 1000 \times 4 \times 10^6}{\pi \times 400}\,\frac{\text{N}}{\text{m}^2}$$

$$= 375 \times 10^6 \text{Pa} = 375\text{MPa}$$

试验机准确度引起的最大示值误差所引起的相对标准不确定度：

$$\frac{u_1(F_{m})}{F_{m}} = \frac{0.01 F_{m}}{F_{m}\sqrt{3}} = \frac{0.01}{\sqrt{3}} = 0.577\%$$

测量抗压强度时，读数盘的指针无摆动，因此读数分辨率可达 1/5 分格，读数最大误差 $a = \frac{1}{10}$ 分格 $= \frac{1}{10} \times 1\text{kN} = 0.1\text{kN}$，呈均匀分布，所引起的标准不确定度为

$$u_2(F_{m}) = \frac{0.1\text{kN}}{\sqrt{3}} = 0.0577\text{kN}$$

其相对标准不确定度为

$$\frac{u_2(F_{m})}{F_{m}} = \frac{0.0577 \times 100\%}{F_{m}} = \frac{0.0577 \times 100\%}{F_{m}} = 0.049\%$$

试验机的校准源相对标准不确定度为

$$\frac{u_A(F_{m})}{F_{m}} = \frac{0.3\%}{k_p} = \frac{0.3\%}{2} = 0.15\%$$

R_{m} 的相对合成标准不确定度为

$$\frac{u_c(R_{m})}{R_{m}} = \sqrt{(0.577\%)^2 + (0.049\%)^2 + (0.15\%)^2} = 0.598\%$$

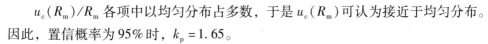

$u_c(R_m)/R_m$ 各项中以均匀分布占多数，于是 $u_c(R_m)$ 可认为接近于均匀分布。因此，置信概率为 95% 时，$k_p = 1.65$。

$$U_{95}(R_m) = k_p \times u_c(R_m) = 1.65 \times 2.24 = 3.7 \, (\text{MPa})$$

13.11.3　钢筋断裂时伸长率测量不确定度评定

1. 测量钢筋断裂伸长率的数学模型

钢筋断裂伸长率也是间接测量，其数学模型为：

$$A_{5gt} = \frac{L_u - L_0}{L_0} \times 100\% = \left(\frac{L_u}{L_0} - 1\right) \times 100\% \tag{13-25}$$

式中　L_u——钢筋断后标距（mm），为该数学模型的输入量；

$\quad\quad L_0$——5 倍于钢筋公称直径 D_0 的原始标距（mm），由于标距打点机打出来的标距很准确，所以 L_0 可认为是定值，不必进行测量不确定度评定；

$\quad\quad A_{5gt}$——原始标距 L_0 为钢筋公称直径 d 的 5 倍时的断裂伸长率（%），其合格标准为 $A_{5gt} \geqslant 26\%$。

2. 钢筋断裂伸长率的测量不确定度评定

依据间接测量合成标准不确定度计算式：

$$u_1(A_{5gt}) = \frac{u_1(L_u)}{L_0} \tag{13-26}$$

对 L_u 标准不确定度有贡献的分量有二：

第一，测量标距通常用刻度为 1mm 的钢尺，由于钢尺刻度分辨率引起的读数最大误差为 0.5mm，该误差呈均匀分布，其标准不确定度为

$$u_1(L_u) = \frac{0.5}{\sqrt{3}} = 0.29 \, (\text{mm})$$

$$u_1(A_{5gt}) = \frac{u_1(L_u)}{L_0} = \frac{0.29}{L_0}$$

第二，由 A_{5gt} 数值修约引起的标准不确定度。按规范规定，A_{5gt} 应修约到百分数的整数位，即修约间隔为 0.5%，所引起的最大误差为 0.25%，该误差也呈均匀分布，其标准不确定度为

$$u_2(A_{5gt}) = \frac{0.25\%}{\sqrt{3}} = 0.14\%$$

于是，可按误差传播定律求得 A_{5gt} 的合成标准不确定度为

$$u_c(A_{5gt}) = \sqrt{[u_1(A_{5gt})]^2 + [u_2(A_{5gt})]^2}$$

在测量断后标距 L_u 时，要注意区分两种不同情况：

第一种，如断裂发生在断后标距 L_u 的中点，则只要测量一次标距两端的长度 L_0 即可。然后计算 $u_1(A_{5gt})$。

第二种，设原始标距共有 N 格，如断裂发生在打点间格的 0 格至 M 格长度的中点附近，由于各间格不是均匀伸长，而且各间格的伸长率不对称于断裂点，所以应先测量一次由 0 格至 M 格的长度，然后测量由 M 格至 N 格的中点长度 L_1，再测量由 M 格至 N 格的中点长度 L_2。这是因为 M 格至 N 格的各间格的伸长不均匀，所以只好取 $(N-M)$ 格的一半的伸长率作为 $(N-M)$ 各间格伸长率的平均值。于是：

$$L_u = L_1 + 2L_2$$

在这种情况下，L_u 是间接测量在测量 L_1 时发生一次因钢尺寸刻度分辨率引起的读数最大误差，在测量 L_2 时又发生一次上述误差，由误差传播定律得：

$$u_1(L_u) = \sqrt{\left[u_1(L_1)\right]^2 + \left[2u_1(L_2)\right]^2}$$
$$= \sqrt{(0.29)^2 + (2 \times 0.29)^2} = 0.65 \ (\text{mm})$$
$$u_1(A_{5gt}) = u_1(L_u)/L_0 = 0.65/L_0$$

A_{5gt} 的标准不确定度各分量都是均匀分布，因此，

$$U_{95}(A_{5gt}) = k_p u_c(A_{5gt}) = 1.65 \times u_c(A_{5gt})$$

$d = 20\text{mm}$ 光圆钢筋，原始标距 $L_0 = 5d = 100\text{mm}$，拉断时断裂点在第四分格中点附近，测量得由 0 分格至 7 分格的长度 $L_1 = 89\text{mm}$，由 7 分格至 10 分格共 3 个分格的中点处的长度 $L_2 = 19\text{mm}$，试计算伸长率 A_{5gt} 及其不确定度。

$$L_u = L_1 + 2L_2 = 89 + 2 \times 19 = 127 \ (\text{mm})$$

$$A_{5gt} = \left(\frac{L_u}{L_0} - 1\right) \times 100\% = \left(\frac{127}{100} - 1\right) \times 100\% = 27\%$$

$$u_1(A_{5gt}) = \frac{0.65}{L_0} = \frac{0.65}{100} = 0.65\%$$

$$u_c(A_{5gt}) = \sqrt{\left[u_1(A_{5gt})\right]^2 + \left[u_2(A_{5gt})\right]^2}$$
$$= \sqrt{(0.65\%)^2 + (0.14\%)^2} = 0.66\%$$

$$U_{95}(A_{5gt}) = 1.65 \times 0.66\% = 1.09\% \approx 1\%, \ k_p = 1.65$$

计算结果表明，置信概率为 95% 时 A_{5gt} 分散在 [26%，28%] 区间中，可能的最小测得值为 26%，等于合格标准，该钢筋可判断为完全合格。

13.12 混凝土或砌筑砂浆抗压强度的测量不确定度的评定

混凝土抗压强度和砌筑砂浆抗压强度以及钢材抗拉强度的测量都是属于建筑

材料质量的检测，不像检测钢筋那样是对制品质量的检测，而材料质量的检测只能通过对材料的试件（或试块）来进行。所以，除了应测量试件所受的力之外，还要测量试件的尺寸。本节以测量砌筑砂浆试块的抗压强度为例，说明其测量不确定度评定方法，其基本原理同样适用于混凝土试块抗压强度和钢材试件抗拉强度的测量。

13.12.1 测量砌筑砂浆试块抗压强度的数学模型

砌筑砂浆试块的抗压强度是间接测量，其数学模型为：

$$f_{cu} = \frac{F}{ab} \tag{13-27}$$

式中 F——试块出现碎裂时的加压荷载（kN）；

a——试块中的一边长（mm）；

b——试块垂直于 a 的另一边长（mm），a、b 均指平行于浇捣面的边长；

f_{cu}——砌筑砂浆试块的抗压强度（MPa）。

式（13-27）中，F、a、b 是数学模型的输入量，f_{cu} 是数学模型的输出量。根据间接测量的标准不确定度合成公式，得：

$$\frac{u(f_{cu})}{f_{cu}} = \sqrt{\left[\frac{u_c(F)}{F}\right]^2 + \left[\frac{u_c(a)}{a}\right]^2 + \left[\frac{u_c(b)}{b}\right]^2} \tag{13-28}$$

式中 $u_c(F)$——对 $u(F)$ 有贡献的各分量的合成标准不确定度；

$u_c(a)$——对 $u(a)$ 有贡献的各分量的合成标准不确定度；

$u_c(b)$——对 $u(b)$ 有贡献的各分量的合成标准不确定度。

此外，试验是在室温下进行，环境室温对不确定度影响可以忽略。加荷速率应严格按规范要求（≤1.5kN/s）。操作时，每压完一试块都用毛刷清除上下压力板的残渣，使之保持洁净，从而使试块与压力板之间的摩擦状况保持不变。于是，这两个因素对不确定度的影响也都可忽略。综上所述，按式（13-27）评定测量不确定度即可。

13.12.2 测量砌筑砂浆试块抗压强度所用的仪器及测量不确定度评定

砂浆试块的加压荷载一般用液压式压力试验机。由于砂浆试块抗压试验是一次性破坏性试验，所以只能用 B 类方法来评定加压荷载 F 的测量不确定度 $u_c(F)$。对 $u_c(F)$ 有贡献的分量有三个：

第一，试验机准确度引起的最大示值误差相应的标准不确定度，$u_1(F) = 0.01F$，呈均匀分布。于是，其相对标准不确定度为：

$$\frac{u_1(F)}{F} = \frac{0.01F}{F\sqrt{3}} = \frac{0.00577}{F}$$

第二，试验机读数分辨率引起的读数最大误差为 1/10 分格，即 $1000/10 = 100\text{N}$，也呈均匀分布，于是相应的相对标准不确定度为

$$\frac{u_2(F)}{F} = \frac{100\text{N}}{F(\text{kN})\sqrt{3} \times 10^3} = \frac{0.0577}{F}$$

第三，试验机校准源相对标准不确定度 $\frac{u_A(F)}{F}$，呈正态分布。

然后依据误差传播定律，求得合成相对标准不确定度为

$$\frac{u_c(F)}{F} = \sqrt{\left[\frac{u_1(F)}{F}\right]^2 + \left[\frac{u_2(F)}{F}\right]^2 + \left[\frac{u_A(F)}{F}\right]^2}$$

测量砂浆试块的尺寸，常用的是游标卡尺。由于试块尺寸是在破坏之前测量，可以进行多次重复测量，从而尺寸的测量不确定度可进行 A 类评定。但为节省时间和精力，一般只对一组 6 个试块中的第一块进行 A 类评定。其余 5 个试块则只测一次，其不确定度采用第一块的单次测量的实验标准差作为不确定度 B 类评定的依据。

用游标卡尺测量试块尺寸时，对 $u(a)$ 或 $u(b)$ 有贡献的分量也有三个：

第一，随机残差的标准差相应的标准不确定度，$s_1(a) = u_1(a)$，$s_1(b) = u_1(b)$；

第二，分辨率引起的读数最大误差的标准差相应的标准不确定度，$s_2(a) = u_2(a)$，$s_2(b) = u_2(b)$；

第三，校准源不确定度 $u_A(a)$，$u_A(b)$。

上述三个分量依据误差传播定律，求得合成标准不确定度 $u_c(a)$ 及 $u_c(b)$。

$$u_c(a) = \sqrt{[u_1(a)]^2 + [u_2(a)]^2 + [u_A(a)]^2}$$
$$u_c(b) = \sqrt{[u_1(b)]^2 + [u_2(b)]^2 + [u_A(b)]^2}$$

用准确度为 1 级的 NYL-300 液压式压力试验机进行一组 6 个砂浆试块的抗压强度试验。试验机的分格值为 1kN，校准源的不确定度为 $0.3\%(k_p = 2)$，试块尺寸 a、b 分别用分辨率为 0.2mm 的两把不同的游标卡尺测量。游标卡尺的校准源不确定度为 0.1mm（正态分布，$k_p = 2$），对第一试块的尺寸用游标卡尺测量 6 次（即 $n = 6$），其测得值见表 13-20。

表 13-20   测量数据 （一）

序号 i	第一次	第二次	第三次	第四次	第五次	第六次
a_i （mm）	70.0	70.9	71.0	70.9	71.0	70.9
b_i （mm）	70.9	71.1	71.2	71.4	70.9	71.0

对第二试块至第六试块的 a 边及 b 边都分别用不同的游标卡尺各测量 1 次，其测得值见表 13-21。

表 13-21　测量数据（二）

	第二试块	第三试块	第四试块	第五试块	第六试块
a（mm）	70.8	70.7	70.9	70.6	70.8
b（mm）	71.0	71.2	70.9	71.2	71.4

对这六个试块，用试验机进行一次性破坏性试验，其加压荷载的测得值见表 13-22。

表 13-22　测量数据（三）

	第一试块	第二试块	第三试块	第四试块	第五试块	第六试块
F（kN）	93.4	92.5	90.3	90.0	95.5	92.5

对第一试块（$n=6$）算得：

$$\bar{a} = \frac{\sum\limits_{i=1}^{6} a_i}{n} = \frac{(70.0+70.9+71.0+70.9+71.0+70.9)}{6} = 70.78$$

$$s_1(a) = \sqrt{\frac{\sum\limits_{i=1}^{6}(a_i - \bar{a})^2}{n-1}} = 0.387(\text{mm}) = u_1(a)$$

$$s_1(\bar{a}) = \frac{s_1(a)}{\sqrt{n}} = 0.158(\text{mm}) = u_1(\bar{a})$$

$$\bar{b} = \frac{\sum\limits_{i=1}^{6} b_i}{n} = \frac{(70.9+71.1+71.2+71.4+70.9+71.0)}{6} = 71.08$$

$$s_1(b) = \sqrt{\frac{\sum\limits_{i=1}^{6}(b_i - \bar{b})^2}{n-1}} = 0.194(\text{mm}) = u_1(b)$$

$$s_1(\bar{b}) = \frac{s_1(b)}{\sqrt{n}} = 0.079(\text{mm}) = u_1(\bar{b})$$

上述的 $u_1(a)$ 及 $u_1(b)$ 分别作为第二试块至第六试块的 a 边及 b 边的 B 类不确定度评定的依据。

计算求得各个砂浆试块的抗压强度值见表 13-23。

表 13-23　计算数据（一）

	第一试块	第二试块	第三试块	第四试块	第五试块	第六试块
f_{cu}（MPa）	18.56	18.40	17.94	17.90	19.00	18.30

游标卡尺的读数分辨率为 0.2mm，引起的读数最大误差为 0.1mm，于是：

$$s_2(a) = \frac{0.1\text{mm}}{\sqrt{3}} = 0.0577\text{mm} = u_2(a)$$

$$s_2(b) = \frac{0.1\text{mm}}{\sqrt{3}} = 0.0577\text{mm} = u_2(b)$$

游标卡尺的校准源标准不确定度：

$$s_A(a) = \frac{0.1\text{mm}}{2} = 0.05\text{mm} = u_A(a)$$

$$s_A(b) = \frac{0.1\text{mm}}{2} = 0.05\text{mm} = u_A(b)$$

现将算得各个试块 $u_c(F)/F$ 的合成相对标准不确定度列于表 13-24。

表 13-24　计算数据（二）

	第一试块	第二试块	第三试块	第四试块	第五试块	第六试块
$u_c(F)/F$（%）	0.60	0.60	0.60	0.60	0.60	0.60

将各个试块算得 $u_c(a)$ 及测得值 a，求得 $u_c(a)/a$ 合成相对标准不确定度列于表 13-25。

表 13-25　计算数据（三）

	第一试块	第二试块	第三试块	第四试块	第五试块	第六试块
$u_c(a)/a$（%）	0.25	0.56	0.56	0.56	0.56	0.56

再将各个试块算得各个试块 $u_c(b)$ 及测得值 b，求得 $u_c(b)/b$ 合成相对标准不确定度列于表 13-26。

表 13-26　计算数据（四）

	第一试块	第二试块	第三试块	第四试块	第五试块	第六试块
$u_c(b)/b$（%）	0.15	0.29	0.29	0.29	0.29	0.29

然后将上述算出的各个试块的 $\dfrac{u_c(F)}{F}$、$\dfrac{u_c(a)}{a}$ 及 $\dfrac{u_c(b)}{b}$ 值，求出各个试块的抗

压强度的合成相对标准不确定度及合成标准不确定度列于表13-27。

表 13-27　计算数据（五）

	第一试块	第二试块	第三试块	第四试块	第五试块	第六试块
$u(f_{cui})/f_{cui}$（%）	0.67	0.87	0.87	0.87	0.87	0.87
$u(f_{cui})$（MPa）	0.12	0.16	0.16	0.16	0.17	0.16

这一组 6 个砂浆试块抗压强度的平均值及其标准不确定度：

$$\bar{f}_{cum} = \frac{\sum\limits_{i=1}^{6} f_{cui}}{6} = 18.35\,\text{MPa} \approx 18.4\,\text{MPa}$$

根据误差传播定律，得：

$$u(\bar{f}_{cum}) = \sqrt{\frac{\sum\limits_{i=1}^{6} \left[u(f_{cui}) \right]^2}{6^2}}$$

$$= \sqrt{\frac{0.12^2 + 0.16^2 + 0.16^2 + 0.16^2 + 0.17^2 + 0.16^2}{6^2}}$$

$$= 0.064 \ (\text{MPa})$$

综合考虑对 $u(f_{cu})$ 有贡献的各分量的分布情况，判定 $u(\bar{f}_{cu})$ 接近于正态分布，从而：

$$U_{95}(\bar{f}_{cum}) = 2u(\bar{f}_{cum}) = 0.128\,\text{MPa}, \quad k_p = 2$$

该组砂浆试块抗压强度为：

$$\bar{f}_{cum} = 18.35\,\text{MPa} \approx 18.4\,\text{MPa}, \quad U_{95}(\bar{f}_{cum}) = 0.1\,\text{MPa}, \quad k_p = 2$$

13.13　钢结构高强度螺栓扭矩系数检测的测量不确定度的评定

在钢结构工程中，紧固件连接是钢结构连接的主要形式，特别是高强度螺栓的连接，更是钢结构连接的最重要的形式之一，笔者近两年在检测工作中常遇到高强度大六角头螺栓连接副扭矩系数的检测，由于扭矩系数是影响高强度螺栓连接质量非常重要的因素，也是施工的重要依据，因而对其检测格外重要。

13.13.1　试验原理及过程

（1）高强度螺栓扭矩系数检测依据
①检测依据。

《钢结构工程施工质量验收规范》（GB 5020—2011）；

《钢结构高强度螺栓连接技术规程》（JGJ 82—2011）。

②评定依据。

《测量不确定度评定与表示》（JJF 1059.1—2012）。

（2）高强度螺栓扭矩系数检测测试对象。

检测测试对象为 M24×85 – 10.9s 高强度螺栓。

（3）检测测量设备。

SBS-850 型数显扭力扳手，测量范围为 42.5 ~ 850kN，允许误差 ±1%；YJZ-500A 电子轴力计，测量范围为 20 ~ 500kN，允许误差 ±1%。

（4）按照设备使用说明对数显扭力扳手进行设置和初始化。对高强度螺栓进行测量。

13.13.2 扭矩系数测量不确定度评定的数学模型

1. 数学模型

$$K = \frac{\sum_{i=1}^{10} K_i}{10} \tag{13-29}$$

$$K_i = \frac{T_i}{P_i d} \tag{13-30}$$

式中 K——扭矩系数；

K_i——第 i 次计算所得的扭矩系数；

T_i——第 i 次施拧扭矩（N·m）；

P_i——第 i 次高强度螺栓预拉力（kN）；

d——高强度螺栓直径（mm）。

2. 灵敏系数和合成标准不确定度公式

（1）灵敏系数

$$c_1 = \frac{\partial K}{\partial T} = 1 \quad c_2 = \frac{\partial K}{\partial P} = -1 \quad c_3 = \frac{\partial K}{\partial d} = -1$$

（2）相对合成标准不确定度

相对合成标准不确定度 $u_{rel,c}(K)$ 计算可按下式：

$$u_{rel,c}(K) = \sqrt{c_1^2 u_{rel,c}^2(T) + c_2^2 u_{rel,c}^2(P) + c_3^2 u_{rel,c}^2(d)}$$
$$= \sqrt{u_{rel,c}^2(T) + u_{rel,c}^2(P) + u_{rel,c}^2(d)}$$

13.13.3 不确定度来源分析

有很多因素影响测量结果，这些因素又来自很多方面，例如被测对象、测量

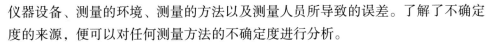

仪器设备、测量的环境、测量的方法以及测量人员所导致的误差。了解了不确定度的来源，便可以对任何测量方法的不确定度进行分析。

相对合成标准不确定度 $u_{rel,c}(K)$ 主要由"与数显扭力扳手相关的相对标准不确定度 $u_{rel,c}(T)$"、"与电子轴力计相关的不确定度 $u_{rel,c}(P)$"和"与螺栓直径尺寸偏差引入的相对不确定度 $u_{rel,c}(d)$"组成。

$u_{rel,c}(T)$ 主要由 $u_{rel}(T_1)$、$u_{rel}(T_2)$、$u_{rel}(T_3)$ 3 个不确定分量构成。具体如下：

（1）重复性引入的相对标准不确定度分量 $u_{rel}(T_1)$；

（2）示值误差引入的相对标准不确定度分量 $u_{rel}(T_2)$；

（3）数显扭力扳手引入的相对标准不确定度分量 $u_{rel}(T_3)$。

$u_{rel,c}(P)$ 主要由 $u_{rel}(P_1)$、$u_{rel}(P_2)$、$u_{rel}(P_3)$ 3 个不确定分量构成。具体如下：

（1）重复性引入的相对标准不确定度分量 $u_{rel}(P_1)$；

（2）示值误差引入的相对标准不确定度分量 $u_{rel}(P_2)$；

（3）电子轴力计引入的相对标准不确定度分量 $u_{rel}(P_3)$。

$u_{rel,c}(d)$ 主要为由螺栓直径尺寸偏差引入的相对标准不确定度分量 $u_{rel}(d_1)$。

其他来源：

（1）模具的影响。模具是检测高强度螺栓过程中不可缺少的物件，螺栓是通过它的固定来实现预拉力的产生过程，因而要求模具的刚度性能高。本次检测采用的模具材料刚度可满足要求，不再考虑。

（2）环境温度的影响。在仪器的正常使用环境条件下，由于仪器的特性受温度影响变化很小，可以忽略不计。

13.13.4　不确定度评定

1. 与数显扭力扳手相关的不确定度 $u(T)$

（1）重复性引入的相对标准不确定度分量 $u_{rel}(T_1)$

用数显扭力扳手进行测量，在重复性条件下连续测量 10 次，具体见表 13-28。

表 13-28　测量数据（一）

螺栓规格	M24×85-10.9s									
序号	1	2	3	4	5	6	7	8	9	10
施拧扭矩（N·m）	630	650	690	660	640	660	690	685	690	660

施拧扭矩平均值：

$$T_m = \frac{\sum_{i=1}^{n} T_i}{n} = \frac{\sum_{i=1}^{10} T_i}{10} = 665.5 (\text{N} \cdot \text{m})$$

实验标准偏差：

$$s = \sqrt{\frac{\sum_{i=1}^{10} (T_i - T_m)^2}{9}} = 22.17 (\text{N} \cdot \text{m})$$

标准不确定度为：

$$u(T_1) = s = 22.17 (\text{N} \cdot \text{m})$$

其相对标准不确定度为：

$$u_{rel}(T_1) = \frac{u(T_1)}{T_m} = \frac{22.17}{665.5} = 3.33\%$$

（2）示值误差引入的相对标准不确定度分量 $u_{rel}(T_2)$

所使用的 SBS-850 型数显扭力扳手，示值相对允许误差为 ±1.0%，包含因子 $k = 2$，则相对标准不确定度为

$$u_{rel}(T_2) = \frac{1\%}{2} = 0.5\%$$

对重复性引入的相对标准不确定度分量 $u_{rel}(T_1)$ 和示值误差引入的相对标准不确定度分量 $u_{rel}(T_2)$ 取较大值，即 3.33%。

（3）数显扭力扳手引入的相对标准不确定度分量 $u_{rel}(T_3)$

本次检测使用的数显扭力扳手由校准证书引入的相对扩展不确定度 $U_{rel} = 0.4\%$，包含因子 $k = 2$，则相对标准不确定度为

$$u_{rel}(T_3) = \frac{0.4\%}{2} = 0.2\%$$

综上计算，与数显扭力扳手相关的合成相对标准不确定度 $u_{rel,c}(T)$：

$$u_{rel,c}(T) = \sqrt{u_{rel}^2(T_1) + u_{rel}^2(T_3)} = \sqrt{(3.33\%)^2 + (0.2\%)^2} = 3.34\%$$

2. 与电子轴力计相关的不确定度 $u_{rel,c}(P)$

（1）重复性引入的相对标准不确定度分量 $u_{rel}(P_1)$

用电子轴力计进行测量，在重复性条件下连续测量 10 次，具体见表 13-29。

表 13-29　测量数据（二）

螺栓规格	M24 ×85-10.9s

螺栓规格	M24 ×85-10.9s									
序号	1	2	3	4	5	6	7	8	9	10
预拉力（kN）	207.1	208.2	210.0	207.5	208.4	207.6	209.0	208.2	209.3	207.7

预拉力平均值：

$$P_m = \frac{\sum_{i=1}^{n} P_i}{n} = \frac{\sum_{i=1}^{10} P_i}{10} = 208.3(kN)$$

实验标准偏差：

$$s = \sqrt{\frac{\sum_{i=1}^{10} (P_i - P_m)^2}{9}} = 0.903(kN)$$

标准不确定度为：

$$u(P_1) = s = 0.903kN$$

其相对标准不确定度为：

$$u_{rel}(P_1) = \frac{u(P_1)}{P_m} = \frac{0.903}{208.3} = 0.43\%$$

（2）示值误差引入的相对标准不确定度分量 $u_{rel}(P_2)$

所使用的 YJZ-500A 电子轴力计，示值相对允许误差为 ±1.0%，包含因子 k =2，则相对标准不确定度为：

$$u_{rel}(P_2) = \frac{1\%}{2} = 0.5\%$$

对重复性引入的相对标准不确定度分量 $u_{rel}(P_1)$ 和示值误差引入的相对标准不确定度分量 $u_{rel}(P_2)$ 取较大值，即 0.5%。

（3）电子轴力计引入的相对标准不确定度分量 $u_{rel}(P_3)$

本次检测使用的数显扭力扳手由校准证书引入的相对扩展不确定度 U_{rel} = 0.4%，包含因子 k =2，则相对标准不确定度为：

$$u_{rel}(P_3) = \frac{0.4\%}{2} = 0.2\%$$

综上计算，与电子轴力计相关的合成相对标准不确定度 $u_{rel,c}(P)$：

$$u_{rel,c}(P) = \sqrt{u_{rel}^2(P_2) + u_{rel}^2(P_3)} = \sqrt{(0.5\%)^2 + (0.2\%)^2} = 0.54\%$$

3. 由螺栓直径尺寸偏差引入的相对标准不确定度分量 $u_{rel}(d_1)$

螺栓直径 24mm 的规范允许偏差为 ±0.5mm，按照均匀分布，包含因子 k = $\sqrt{3}$。

标准不确定度为：

$$u(d_1) = \frac{0.5mm}{\sqrt{3}} = 0.29mm$$

其相对标准不确定度为：

$$u_{rel}(d_1) = \frac{u(d_1)}{d} = \frac{0.29}{24} = 1.2\%$$

4. 合成相对标准不确定度

合成相对标准不确定度 $u_{rel,c}(K)$ 可按下式得到：

$$u_{rel,c}(K) = \sqrt{c_1^2 u_{rel,c}^2(T) + c_2^2 u_{rel,c}^2(P) + c_3^2 u_{rel,c}^2(d)} = \sqrt{u_{rel,c}^2(T) + u_{rel,c}^2(P) + u_{rel,c}^2(d)}$$

$$= \sqrt{(3.34\%)^2 + (0.54\%)^2 + (1.2\%)^2} = 3.59\%$$

5. 不确定度评定一览表（表13-30）

表13-30 不确定度评定一览表

序号	相对标准不确定度分量 $u_{rel}(x_i)$	不确定度来源	相对标准不确定度	c_i
1	$u_{rel,c}(T)$	数显扭力扳手相关的相对标准不确定度	3.34%	1
2	$u_{rel}(T_1)$	重复性引入的相对标准不确定度分量	3.33%	—
3	$u_{rel}(T_2)$	示值误差引入的相对标准不确定度分量		
4	$u_{rel}(T_3)$	数显扭力扳手引入的相对标准不确定度分量	0.2%	
5	$u_{rel,c}(P)$	与电子轴力计相关的不确定度	0.54%	−1
6	$u_{rel}(P_1)$	重复性引入的相对标准不确定度分量	0.5%	—
7	$u_{rel}(P_2)$	示值误差引入的相对标准不确定度分量		—
8	$u_{rel}(P_3)$	电子轴力计引入的相对标准不确定度分量	0.2%	—
9	$u_{rel,c}(d)$	与螺栓直径尺寸偏差引入的相对不确定度	1.2%	−1
10		$u_{rel,c}(K) = 3.59\%$		

对扭矩系数的计算见表13-31。

表13-31 计算数据

螺栓规格	M24×85-10.9s									
序号	1	2	3	4	5	6	7	8	9	10
施拧扭矩（N·m）	630	650	690	660	640	660	690	685	690	660
预拉力（kN）	207.1	208.2	210.0	207.5	208.4	207.6	209.0	208.2	209.3	207.7
扭矩系数	0.127	0.130	0.137	0.133	0.128	0.132	0.137	0.137	0.137	0.132
平均值	0.133									
标准差	0.004									

6. 测量结果的相对扩展不确定度 $U_{rel,c}$

取包含因子 $k=2$，则其测量结果的相对扩展不确定度为：

$$U_{\mathrm{rel,c}} = k \cdot u_{\mathrm{rel,c}}(K) = 2 \times 3.59\% = 7.18\%$$

7. 测量不确定度报告

对于扭矩系数检测结果为 0.133，其扩展不确定度为：

$$U_{\mathrm{c}} = 0.133 \times 7.18\% = 0.0095$$

检测结果为：0.133 ± 0.0095，$k=2$。

参考文献

［1］倪育才．实用测量不确定度评定［M］．北京：中国质检出版社，2014．

［2］彭立新．结构可靠性管理——预测、控制与评定［M］．北京：中国建筑工业出版社，2011．

［3］中华人民共和国国家质量监督检验检疫总局．测量不确定度评定与表示：JJF 1059.1—2012［S］．北京：中国标准出版社，2013．

［4］何永政．质量检验不确定度与应用数理统计［M］．北京：中国质检出版社，中国标准出版社，2014．

［5］叶德培．测量不确定度理解评定与应用［M］．北京：中国质检出版社，2013．

［6］金学易，陈鹏．房屋建筑质量测量不确定度评定［M］．北京：中国建筑工业出版社，2012．

［7］施昌彦．测量不确定度评定与表示指南［M］．北京：中国计量出版社，2009．

［8］国家质量技术监督局计量司．测量不确定度评定与表示指南［M］．北京：中国计量出版社，2000．

［9］刘乐平，段五朵．概率论与数理统计［M］．南昌：江西高校出版社，2000．

［10］耿维明．测量误差与不确定度评定［M］．北京：中国质检出版社，2011．

［11］林洪桦．测量误差与不确定度评估［M］．北京：机械工业出版社，2010．

［12］沙定国．误差分析与测量不确定度评定［M］．北京：中国计量出版社，2003．

［13］中国合格评定国家认可委员会．CNAS-GL16 最佳测量能力评定指南，2007．

［14］刘智敏．不确定度原理［M］．北京：中国计量出版社，1993．

［15］刘智敏．不确定度及其实践［M］．北京：中国标准出版社，2000．

［16］李慎安．测量不确定度表达 10 讲［M］．北京：中国计量出版社，1999．

［17］ISO/IEC Guide 98-3：2008 Uncertainty in measurement—Part 3：Guide to the expression of uncertainty in measurement（GUM：1995）．

［18］ISO/IEC Guide 98-3/Suppl. 1：2008 Uncertainty in measurement—Part 3：Guide to the expression of uncertainty in measurement（GUM：1995）-Supplement 1：Propagation of distributions using a Monte Carlo method.

［19］ISO/IEC Guide 99：2007 International vocabulary metrology-Basic and general concepts and associated terms（VIM）．

［20］Guide to the Expression of Uncertainty in Measurement, Corrected and Reprinted, 1995. ISO（Geneve，Switzerland）．

［21］NIST Technical Note 1297, Guidelines for Evaluating and Expressing the Uncertainty of NIST Measurement Results, 1994 Edition, United States Department of Commerce (Gaithersburg, ML, USA).

［22］CSIRO Division of Telecommunication and Industrial Physics, Course on the ISO "Guide to the Expression of Uncertainty in Measurement", Version 4. 2, 1997, CSIRO (Melbourne, Australia).